普通高等院校水利工程专业系列规划教材

工程地质及水文地质
实验实习指导

主　编　倪福全　邓　玉　王丽峰

副主编　漆力健　胡　建　曾　赟
　　　　茆大炜　张晓平　潘鹏志

参　编　马　菁　卢修元　田　奥　李　清
　　　　杨　芷　杨　敏　杨　萍　周　曼
　　　　罗　凯　郑彩霞　姚德龙　唐科明
　　　　郭　满　康银红　谭燕平　冯未俊

西南交通大学出版社

·成　都·

图书在版编目（CIP）数据

工程地质及水文地质实验实习指导／倪福全，邓玉主编．—成都：西南交通大学出版社，2015.1（2023.7 重印）
普通高等院校水利工程专业系列规划教材
ISBN 978-7-5643-3512-0

Ⅰ．①工… Ⅱ．①倪… ②邓… Ⅲ．①工程地质－实验－高等学校－教学参考资料②水文地质－实验－高等学校－教学参考资料 Ⅳ．①P642-33②P641-33

中国版本图书馆 CIP 数据核字（2014）第 251947 号

普通高等院校水利工程专业系列规划教材
工程地质及水文地质实验实习指导
倪福全　邓玉　主编

责任编辑	杨　勇
助理编辑	胡晗欣
封面设计	米迦设计工作室
出版发行	西南交通大学出版社 （四川省成都市二环路北一段 111 号 西南交通大学创新大厦 21 楼）
发行部电话	028-87600564　028-87600533
邮政编码	610031
网　　址	http://www.xnjdcbs.com
印　　刷	四川煤田地质制图印务有限责任公司
成品尺寸	185 mm × 260 mm
印　　张	9.25
字　　数	228 千
版　　次	2015 年 1 月第 1 版
印　　次	2023 年 7 月第 4 次
书　　号	ISBN 978-7-5643-3512-0
定　　价	26.50 元

课件咨询电话：028-87600533

《工程地质及水文地质实验实习指导》

编 委 会

主　编　四川农业大学：倪福全　邓　玉　王丽峰

副主编　四川农业大学：漆力健　胡　建　曾　赟

中国电建集团中南勘测设计院有限公司：茆大炜

中国科学院地质与地球物理研究所：张晓平

中国科学院武汉岩土力学研究所：潘鹏志

参　编　四川农业大学：

马　菁　卢修元　田　奥　李　清

杨　芷　杨　敏　杨　萍　周　曼

罗　凯　郑彩霞　姚德龙　唐科明

郭　满　康银红　谭燕平　冯未俊

前　言

为了提高农业水利工程、水利水电工程等专业本科生“工程地质及水文地质”课程学习的效果，强化课程实验及野外实习等重要环节，培养学生运用所学知识综合分析和独立解决工程实际问题的能力，使课程理论讲授、实验及野外实习相得益彰，充分挖掘雅安市六县二区丰富的水利水电教育教学资源，特别编写本书。

本书由四川农业大学倪福全、邓玉、王丽峰担任主编；四川农业大学漆力健、胡建、曾赟，中国电建集团中南勘测设计院有限公司茆大炜，中国科学院地质与地球物理研究所张晓平，中国科学院武汉岩土力学研究所潘鹏志担任副主编；四川农业大学马菁、卢修元、田奥、李清、杨芷、杨敏、杨萍、周曼、罗凯、郑彩霞、姚德龙、唐科明、郭满、康银红、谭燕平、冯未俊等参编。在编写过程中参考了相关著作、论文，编者在此谨向他们一并表示衷心的感谢。

本书力求更好地满足广大师生的需求，但由于编者能力有限，书中难免有疏漏和不妥之处，恳请读者提出宝贵意见和建议。

编　者

2014 年 12 月

目 录

第 1 章 课程实验 …… 1
1.1 主要造岩矿物的鉴定与认识 …… 1
1.2 常见火成岩（岩浆岩）的鉴定与认识 …… 3
1.3 常见沉积岩的鉴定与认识 …… 7
1.4 常见变质岩的鉴定与认识 …… 10
1.5 常见三大类岩石的综合鉴定 …… 12
1.6 地质界面的产状要素 …… 15
1.7 水利工程地质资料的综合分析 …… 22
1.8 某地铁车站基坑降水设计方案分析 …… 26
1.9 某地科研示范基地地下水水资源量的计算 …… 30
1.10 工程实例 …… 34
第 2 章 野外地质实习 …… 57
2.1 野外地质实习的内容及安排 …… 57
2.2 野外地质实习的一般工作方法 …… 60
2.3 水利工程现场地质实习 …… 96
2.4 地质实习报告的编写 …… 101
第 3 章 雅安市工程地质及水文地质概况 …… 103
3.1 雅安地质与地貌概况 …… 103
3.2 “4・20”芦山强烈地震 …… 107
3.3 雅安水系 …… 111
3.4 雅安水电站及其主要工程地质及水文地质问题 …… 115
3.5 雅安市峡口地貌 …… 121
3.6 玉溪河灌区概况 …… 124
第 4 章 岷江流域水利工程简介 …… 126
4.1 紫坪铺水利枢纽简介 …… 126
4.2 都江堰水利枢纽 …… 130

附录一 水利水电工程初步设计报告编制规程（第 4 部分工程地质）……133
附录二 雅安十二五规划水利部分……137
参考文献……139

第 1 章　课程实验

1.1　主要造岩矿物的鉴定与认识

1.1.1　实验目的与要求

岩石是矿物的集合体。认识造岩矿物的目的在于识别水利水电工程中常见的各种岩石，并为今后学习其他章节打下基础。本次实验要求如下：

（1）通过对造岩矿物标本的观察，认识常见造岩矿物的形态（单晶、聚晶）、晶面条纹、光学性质、力学性质、碳酸盐类矿物的“盐酸反应”等主要特征。

（2）学习根据造岩矿物的形态和物理特性，掌握用肉眼鉴定常见造岩矿物的技能和描述矿物的方法。

（3）熟练地辨识几种常见造岩矿物的特征。

1.1.2　实验准备工作

实验前认真预习教材“造岩矿物”有关章节。检查矿物标本、摩氏硬度计、小刀、放大镜、无釉瓷板（棒）、稀盐酸等实验用品是否齐全。

1.1.3　实验内容

1. 矿物特性的观察

（1）矿物单体形态。

六方双锥（或六方柱）——石英（水晶）；菱面体——方解石；菱形多面体——石榴子石；长柱体——红柱石；长柱状或纤维状——普通角闪石；短柱状——普通辉石；板状——板状石膏、长石；片状——云母。

（2）矿物集合体形态。

晶簇状——石英晶簇；粒状——橄榄石；致密状——黄铜矿；鳞片状——绿泥石；纤维状——石棉（纤维）、石膏；放射状——阳起石、红柱石；结核状（鲕状、豆状、肾状）——赤铁矿；土状——高岭土、蒙脱土。

（3）晶面条纹。

有些晶体的晶面具有条纹状，如：黄铁矿三个方向的晶面条纹彼此垂直；斜长石的晶纹相互平行；有的石英具有横向晶纹。

（4）光学性质。

颜色：白色——方解石、石英；深绿色——橄榄石；铜黄色——黄铜矿；褐色——褐铁矿；铁红色——赤铁矿。

条痕：观察方解石、角闪石、斜长石、橄榄石的条痕。观察对比黄铁矿、黄铜矿、赤铁矿等矿物的条痕与颜色之间的关系。

光泽：拿到标本，对着光线，根据其反射光线的性质来确定它属于哪种光泽。

黄铁矿、黄铜矿——金属光泽；赤铁矿——半金属光泽；石英（晶面）——玻璃光泽；叶蜡石、蛇纹石——蜡状光泽；滑石、石英（断面）——油脂光泽；高岭土——土状光泽；石棉、（纤维）石膏——丝绢光泽；白云母、冰洲石（透明方解石）——珍珠光泽。

透明度：手拿标本，注意观察矿物碎片边缘的透明程度。

白云母、石英（水晶）——透明；蛋白石——半透明；黄铁矿、磁铁矿——不透明。

（5）矿物力学性质的观察。

解理与断口：解理是矿物受到外打击后能沿一定方向裂开的性质。要注意在同一方向上对应侧面解理的一致性，又要观察解理面光滑平整的程度。如：云母——一组极完全解理；方解石——三组完全解理；长石——一组完全解理，一组中等解理；石英——无解理（贝壳状断口）；黄铁矿——参差状断口。矿物的解理与断口是互为消长的。

硬度：利用指甲（硬度 2.5）、小刀（硬度 5.5）和摩氏硬度计测定和比较石英、方解石、长石、黄铜矿、黄铁矿、白云石的硬度。具体测定方法是（以摩氏硬度计为例）：取摩氏硬度计中一种标准矿物，用其棱角刻划被鉴定矿物上的一个新鲜而较完整的平面，擦去粉末，若在面上留有刻痕，则说明被鉴定矿物的硬度小于选用标准矿物的硬度。反之，若未在面上留下刻痕，则说明被鉴定矿物的硬度大于或等于选用标准矿物的硬度。经过多次刻划比较，直到确定被鉴定矿物的硬度介于两个相邻标准矿物硬度之间或接近二者之一时，即已测知被鉴定矿物的硬度。如云母不能被石膏（硬度 2）刻动，而能被方解石（硬度 3）刻动，故其硬度介于 2 ~ 3，用 2.5 表示。

若被鉴定矿物难于找出平整的面，而标准矿物上有较好的平面时，也可以用被鉴定矿物的棱角去刻划标准矿物的平面。

（6）其他特性。

云母——弹性；蒙脱土——遇水膨胀、有崩解性；碳酸盐类的矿物具“盐酸反应”。

碳酸盐类矿物，如方解石($CaCO_3$)、白云石[Ca、$Mg(CO_3)_2$]，与稀盐酸（HCl）会产生化学反应，逸出二氧化碳（CO_2），形成气泡。以方解石为例，其反应式为：

$$CaCO_3 + 2HCl \longrightarrow CaCl_2 + H_2O + CO_2\uparrow$$

一般来讲，方解石遇稀盐酸后起泡强烈，而白云石则需用小刀刻划成粉末后滴稀盐酸，才可见微弱的起泡现象。

2．常见造岩矿物鉴定特征的综合观察

结合标本，对照教材中“常见造岩矿物特征表”，逐块逐项地进行观察。但需注意，教材中所述矿物的各项物理特性，在同一块标本上不一定能全部显示出来，所以在观察时，必须善于抓住矿物的主要特征，尤其是那些具有鉴定意义的特征，如赤铁矿的砖红色条痕、方解石的菱面体解理等。另外，还要注意相似矿物的对比分析，如石英、斜长石、方解石、石膏等矿物都是白色或乳白色，但在硬度、解理、晶形、盐酸反应方面却有较大差别。

1.1.4　实验方法

（1）参照指导书和教材中“常见造岩矿物特征表”，结合标本，在教师指导下自行观察学习。

（2）在独立观察的基础上，掌握并归纳常见造岩矿物的主要鉴定特征。

1.1.5　作业及思考题

（1）肉眼鉴定常见造岩矿物时，主要依据哪些特性？

（2）石英、长石、方解石的主要区别是什么？

（3）写出下列各组造岩矿物的鉴定特征及主要区别。

正长石—斜长石—石英；

角闪石—辉石—黑云母；

方解石—白云石—石膏。

（4）鉴定 4 块未记名造岩矿物标本，按表 1.1 格式填写实习报告（表中主要鉴定特征一栏，要求填写矿物标本的主要物理特征，不是按矿物分类表抄写）。

表 1.1　实验报告——造岩矿物标本的肉眼鉴定　　年　　月　　日

标本号	主　要　鉴　定　特　征	矿物名称

班级________　姓名________　学号________

评阅老师__________　　成绩__________

1.2　常见火成岩（岩浆岩）的鉴定与认识

1.2.1　实验目的与要求

（1）通过对火成岩标本的观察，熟悉其结构、构造特征。

（2）运用肉眼鉴定造岩矿物的方法，分析常见火成岩的矿物组成。

（3）学习火成岩的简易分类原则和肉眼鉴定方法。

1.2.2 实验准备工作

实验前预习教材“火成岩”有关章节。

1.2.3 实验内容

常见火成岩结构的观察。结合下列标本，从矿物的结晶程度、颗粒大小、颗粒级配及连接关系等方面，来认识矿物的结构特征。

1. 矿物的结晶程度

全晶质结构——花岗岩；非晶质（玻璃质）结构——黑曜岩。

2. 矿物颗粒大小

粗粒结构——粗粒花岗岩；中粒结构——中粒辉长岩；细粒结构——细晶岩或细粒闪长岩；隐晶质结构——辉绿岩。

3. 矿物颗粒相对大小

等粒结构——花岗岩、闪长岩；斑状结构——正长斑岩、闪长玢岩。

4. 矿物间的相互关系

文象结构——文象花岗岩；伟晶结构——伟晶岩。

5. 常见火成岩典型构造的观察

（1）观察下列标本的典型构造特征：块状构造——花岗岩、闪长岩、辉长岩；流纹构造——流纹岩；气孔构造——浮岩、玄武岩；杏仁状构造——玄武岩。

（2）火成岩中常见矿物成分的识别。

石英：观察花岗岩、流纹岩，石英在岩石中多呈粒状，具有油脂光泽，烟灰色，硬度为7，易与灰白色的斜长石相混淆。

长石：观察花岗岩、闪长岩和安山岩，长石具玻璃光泽，硬度为6，正长石多为肉红色，斜长石多为灰白色，详细观察，斜长石具有许多平行的晶纹，而正长石的新鲜解理面在光的照射下，往往可见明暗程度有显著差异的两部分。

云母：观察黑云母花岗岩，云母最明显的特征是用小刀极易剥出云母碎片。

辉石与角闪石：观察辉长岩和闪长岩，辉石和角闪石在火成岩中均为深灰色至黑色，光泽也甚相似。但在形状和断面上有所差异，辉石晶形呈短柱状，横断面为八边形（近似正方形）；角闪石晶形为长柱状，横断面为六边形；辉石往往与橄榄石共生，角闪石往往与黑云母共生，角闪石两组中等解理呈124°或56°斜交，而辉石的两组中等解理近于正交。

（3）常见火成岩特征的综合观察。结合标本，对照教材中关于各类火成岩的分类表，逐类、逐块、逐项地进行观察，应特别注意各自的鉴定特征。

花岗岩-流纹岩类：花岗岩、花岗斑岩、流纹岩。

正长岩-粗面岩类：正长岩、正长斑岩、粗面岩。

闪长岩-安山岩类：闪长岩、闪长玢岩、安山岩。

辉长岩-玄武岩类：辉长岩、辉绿岩、玄武岩。

脉岩类：细晶岩、伟晶岩。

其他岩类：浮岩、黑曜岩、松脂岩、珍珠岩、火山弹凝灰岩等。

1.2.4　实验方法

参照指导书和教材中有关常见火成岩的描述，对照标本自行观察，教师只做必要的辅导讲解。在独立观察的基础上，总结出每块标本的鉴定特征（要特别注意外貌相似岩石标本之间的差异）。借助偏光显微镜，观察玄武岩薄片的"隐晶质结构"特点。

1.2.5　辅助教学

利用照片、幻灯、模型、电视录像带认真观察火成岩的产状，初步建立岩石产状的立体形态以及生成环境等概念。

肉眼鉴定火成岩的主要依据是岩石的产状（野外产出形态）、结构、构造、矿物组成和颜色等，鉴定时可以参照下述步骤。

观察岩石的颜色。火成岩的颜色在很大程度上反映了其化学和矿物组成。火成岩可根据化学成分中二氧化硅的含量分为超基性岩、基性岩和酸性岩。二氧化硅的具体含量肉眼是不可能分辨的，但其含量多少往往反映在矿物成分上。一般情况下，二氧化硅含量高，浅色矿物就多，暗色矿物相对较少。反之，二氧化硅（SiO_2）含量低，浅色矿物就少，暗色矿物则相对较多。矿物颜色是构成岩石颜色的主导因素。所以颜色可作为肉眼鉴别火成岩的特征之一。从超基性岩到酸性岩，颜色由深变浅。如：超基性岩呈黑色—黑绿色—暗绿色；基性岩呈灰黑色—灰绿色；中性岩呈灰色—灰白色；酸性岩呈肉红色—淡红色—白色。

结合岩石的野外产状、结构和构造，区分出深成岩、浅成岩和喷出岩。其特征如表 1.2 所示。

表 1.2　深成岩、浅成岩、喷出岩的产状、结构、构造间的区别

特征	深成岩	浅成岩	喷出岩
产状	呈大的侵入体——岩基、岩株，部分呈岩盆、岩盖产出，接触带附近的围岩有明显的变质圈	多呈岩床、岩脉、岩墙产出，围岩可有狭窄的接触变质圈	呈层状或不规则层状，火山锥、熔岩流；围岩一般无变质圈
构造	常具块状构造	块状构造，有时有少量小的气孔，一般无杏仁状构造	常为气孔状、杏仁状、流纹状构造
结构	常具等粒（中、粗）全晶质结构，岩体中心可出现似斑状结构	多呈细粒或斑状结构，基质多为细粒至隐晶质	具斑状结构、隐晶质结构或玻璃质结构

观察矿物成分。先观察岩石中有无石英（有石英时，要观察其含量），其次观察有无长石（含有长石时，要尽量区分是正长石还是斜长石），继而观察有无橄榄石存在。此外，尚需注

意黑云母，它经常出现在酸性岩中。

火成岩常以所含主要矿物成分定名，如辉长岩（主要含辉石和斜长石）、闪长岩（主要含角闪石和斜长石）、正长斑岩（具有以正长石为主的斑晶）、闪长玢岩（具有以斜长石、角闪石为主的斑晶）等。

火成岩的肉眼鉴定要点。深成岩常具等粒全晶质结构，矿物颗粒比较粗大，往往较易鉴别。

浅成岩（包括脉岩）有斑晶存在时，根据浅色斑晶矿物成分可分为两大类：斑晶主要为斜长石者叫玢岩，斑晶主要为正长石或石英者叫斑岩。如果玢岩中同时有角闪石斑晶，或基质中鉴定出有角闪石的，称为闪长玢岩；斑晶中只有正长石而无石英者称正长斑岩；斑晶中既有石英，又有正长石时称花岗斑岩；仅有石英者称石英斑岩。对于细粒等粒结构的浅成岩（包括脉岩），如能定出矿物成分，再结合岩石颜色的深浅，查火成岩分类表可得相应深成岩的名称，前面再冠以“细粒”或“细晶”二字，如细粒花岗岩等。对于具有隐晶质结构，肉眼分辨不出成分的脉岩，可根据颜色深浅粗略定名为“浅色脉岩”（如霏细岩）和“暗色脉岩”（如辉绿岩）。

喷出岩肉眼鉴定往往比较困难，除了斑晶之外，基质部分常呈细粒至玻璃质结构。肉眼鉴定时只能根据颜色、斑晶成分、结构、构造等方面综合考虑，进行初步的定名。常见的主要喷出岩的肉眼鉴定特征如表 1.3 所示。

表 1.3 常见喷出岩肉眼鉴定特征

主要特征	玄武岩	安山岩	粗面岩	流纹岩
颜色（新鲜岩石）	黑绿色至黑色，光泽较暗	灰红色、灰紫色、砖红色	浅灰色、淡红色、灰紫色	粉红色、灰绿色、浅灰紫色
斑晶成分	辉石、斜长石、橄榄石	斜长石最为常见，有时有辉石、角闪石、黑云母	钾长石、黑云母、角闪石	石英（石英常呈熔蚀现象）、钾长石
结　　构	致密、细粒至隐晶质	斑状或隐晶质	斑状或隐晶质	斑状，隐晶质至玻璃质
构　　造	气孔状、杏仁状	有时有气孔状及杏仁状	块状，有时具气孔状	流纹状、常见气孔状、杏仁状

1.2.6 作业及思考题

（1）简述深成岩、浅成岩、喷出岩的结构、构造特征，它们与成因有何关系？

（2）酸性、中性、基性、超基性火成岩的矿物成分有何不同？

（3）举例说明斑岩和玢岩的区别是什么？

（4）对比下列各组岩石，简述其异同点：

花岗岩与辉长岩；流纹岩与玄武岩；

闪长岩与安山岩；正长斑岩与闪长玢岩。

（5）鉴定 4 块未记名标本，按表 1.4 格式填写实验报告。

表 1.4　实验报告 火成岩标本的肉眼鉴定

年　月　日

标本号	主要鉴定特征				矿物名称
	颜色	矿物成分	结构	构造	

班级________　姓名________　学号________

评阅老师__________　成绩__________

1.3　常见沉积岩的鉴定与认识

1.3.1　实验目的与要求

（1）通过对沉积岩标本的观察，掌握其典型结构、构造及物质组成特征。

（2）了解常见沉积岩的基本分类和肉眼鉴定方法。

（3）掌握常见沉积岩的鉴定特征。

1.3.2　实验准备工作

实验前预习教材“沉积岩”有关章节。

1.3.3　实验内容

1. 沉积岩典型结构的认识

（1）碎屑结构。观察砾岩、角砾岩、砂岩的组成物质的颗粒大小与形状等特征。

（2）泥质结构。观察页岩、黏土岩，注意其致密状的特点。

（3）化学结构及生物化学结构。观察石灰岩（或结晶石灰岩）、白云岩、介壳灰岩（或珊瑚灰岩）、鲕状灰岩、竹叶状灰岩、燧石岩等。

2. 沉积岩典型构造的认识

（1）层理构造。利用照片、幻灯片或放映电视录像，在建立层理构造宏观特征的基础上，观察页岩、条带状灰岩等手标本上的层理，观察具有交错层理的陈列标本。

（2）层面构造。观察具有泥裂、波痕、缝合线构造的陈列标本。

（3）化石。观察完整的动、植物化石标本各 1 ~ 2 块。

（4）结核。观察鲕状灰岩标本和一块较大型的结核（尽可能有切磨出的横断面）标本。

3. 碎屑岩的胶结类型和胶结物成分的认识

观察砾岩、角砾岩、砂岩（石英砂岩、长石砂岩、铁质砂岩）的胶结类型和胶结物。对一块标本而言，可能是一种胶结类型和单一的胶结物，也可能同时存在两种或三种胶结类型和一种以上的胶结物。需仔细观察、予以区分，碎屑岩中常见的胶结物的一般特征可参照表 1.5。

表 1.5 碎屑岩中常见胶结物的一般特征

胶结物	化学成分	主要矿物成分	常见颜色	牢固程度	其他特征
硅质	SiO_2	石英、蛋白石玉髓、海绿石	乳白色、灰白色、黑绿色	坚硬	岩石强度高，硬度大，难溶于水
钙质	$CaCO_3$ $Ca \cdot Mg[CO_3]_2$	方解石、白云石	白色、灰白色、淡黄色、微红色	中等	可与稀盐酸作用，产生气泡
泥质	含铝硅酸盐	高岭石、蒙脱石、水云母	泥黄色、黄褐色	差	岩石质地松软，遇水易软化或泥化
铁质	Fe_2O_3	赤铁矿、褐铁矿	红褐色、黄褐色、棕红色	较坚硬	强度较高，遇水遇氧易风化
石膏质	$CaSO_4 \cdot 2H_2O$	石膏	白色、灰白色	较差	强度低，长期浸水可被溶蚀
碳质	C	有机质	黑色、黑灰色	差	岩石强度低，遇水易泥化

4. 常见沉积岩特征的综合观察

结合标本，对照教材中关于各种常见沉积岩的描述，逐类逐块地进行观察，包括：

火山碎屑岩类：凝灰岩、火山角砾岩、火山集块岩。

陆源沉积碎屑岩类：砾岩、角砾岩、石英砂岩、长石砂岩、铁质砂岩、硬砂岩、粉砂岩。

泥质岩类：页岩、碳质页岩、黏土岩。

化学岩类：石灰岩、白云岩、泥灰岩。

通常情况下，火山碎屑岩与陆源沉积碎屑岩的区分可参照表 1.6。

表 1.6 火山碎屑岩、陆源沉积碎屑岩特征鉴别

岩石类型	成因特征	物质组成特点	胶结物	结构、构造	产 状	其 他
火山碎屑岩	由火山喷发作用形成的，火山碎屑物质就地堆积或只经短距离搬运而形成	由火山碎屑物质（岩屑、晶屑、玻屑）及少量围岩碎屑组成	以火山灰为主	凝灰结构（颗粒分选极差，碎屑多具棱角，边缘锋锐），块状构造，无层理或层理不明显	呈夹层或透镜状	一般无化石
陆源沉积碎屑岩	在地表由母岩经风化、搬运、堆积、成岩作用而形成	由各类母岩的岩石碎屑和矿物碎屑组成	为硅质、铁质、钙质、黏土质等	碎屑结构，宏观层理构造明显	层状	常可以见到化石

1.3.4　实验方法

（1）参照指导书和教材中对有关常见沉积岩的描述，结合标本，在教师指导下自行观察学习。观察偏光显微镜下砂岩薄片中石英颗粒的形状特征和石英颗粒与胶结物间的关系（胶结类型）。

（2）在独立观察的基础上，总结出各类沉积岩标本的鉴定特征。

1.3.5　常见沉积岩的肉眼鉴定方法

经过沉积作用形成的沉积岩，绝大多数都具有层状构造特征，但所鉴定的标本都是从某一层位中打来的，所以重点观察沉积标本的结构、物质组成和颜色等。凭肉眼或借助放大镜能分辨出碎屑颗粒占组成物质 50%以上者，属于碎屑岩类；只能分辨少量极为细小的矿物或岩屑颗粒，整体岩石具细腻感，质地均一，可塑性及吸水性很强，吸水后体积增大，潮湿时色深质软，干燥时色浅质较硬者为泥质岩类。完全分辨不出颗粒，整体岩石具致密感或组成物质具一定结晶形态者为化学岩类。

在鉴定碎屑岩时，除观察颜色、碎屑成分及含量外，尚需注意观察碎屑的形状大小和胶结物成分，砾岩或角砾岩还需观察标本的胶结类型。

在鉴定泥质岩时，则应注意观察标本的构造特征。页岩具有沿层面分裂成薄片或页片的性质，常可见显微层理，称为页理（页岩因此而得名）。而黏土岩则往往层理不发育，具块状构造。有些泥质岩中常含有机成分，如炭质页岩、油页岩等。

在鉴定化学岩时，除观察其颜色、物质成分、结构、构造外，应辅以简单的化学实验，如用稀盐酸检验标本是否有起泡反应。通常条件下可参照表 1.7 区分石灰岩、白云岩和泥质灰岩。

化学岩中的燧石岩类，主要由非晶质的蛋白石、隐晶质的玉髓和细粒石英组成，SiO_2 含量达 70%～90%，致密坚硬，锤击可见火花，具贝壳状断口。常呈透镜状或结核状产出，也有呈层状、条带状产于碳酸盐岩或泥质岩中的。

表 1.7　石灰岩、白云岩、泥灰岩的肉眼鉴定特征

岩石名称	主要矿物成分	常见颜色	坚硬性	加稀盐酸反应	其他特征
石灰岩	方解石	深灰色、灰黑色	一般	立即强烈起泡	性脆，风化表面常有溶蚀痕迹，常含燧石、蛋白石条带，有时可见鲕状、竹叶状结构
白云岩	白云石	灰白色、浅灰色、灰色	较高	不起泡或起泡缓慢，其粉末有微弱反应	性脆，致密，风化面常见纵横交错的细小的溶沟
泥灰岩	方解石 黏土矿物	浅灰色、白色、黄褐色、棕红色、紫色	较低	强烈起泡，且起泡后留下泥质斑点	具薄层理，风化时易碎裂成片，常呈薄层状夹于石灰岩、白云岩或煤系地层之中

1.3.6 作业及思考题

（1）简述沉积岩与火成岩在成因、结构、构造及物质成分上的差别。
（2）以角砾岩和正长斑岩为例，说明沉积岩中的碎屑结构与火成岩中的斑状结构间的区别。
（3）在沉积岩中，泥质砂岩和砂质页岩、黏土岩和页岩有何异同点？
（4）简述陆源沉积碎屑岩和火山碎屑岩间的区别。
（5）如何区分沉积岩的层理构造与火成岩的流纹构造？
（6）鉴定 4 块未记名沉积岩标本，按表 1.8 格式填写实验报告。

表 1.8 实验报告——沉积岩标本的肉眼鉴定 年 月 日

标本号	主要鉴定特征				矿物名称
	颜色	矿物成分	结构	构造	

班级________ 姓名________ 学号________
评阅老师__________ 成绩__________

1.4 常见变质岩的鉴定与认识

1.4.1 实验目的与要求

（1）通过对变质岩标本的观察，了解变质岩的构造、结构和矿物的组成特征。
（2）熟悉常见变质岩的命名和肉眼鉴定方法。
（3）掌握常见变质岩的鉴定特征。

1.4.2 实验准备工作

实验前预习教材“变质岩”有关章节，重点预习变质岩的构造特征和分类方法。

1.4.3 实验内容

1. 常见变质岩典型变质构造的认识

板状构造——板岩；

千枚状构造——千枚岩；
片状构造——结晶片岩（云母片岩、滑石片岩、石榴子石片岩、绿泥石片岩等）；
片麻状构造——片麻岩（正、副片麻岩）；
块状构造——石英岩、大理岩。

2. 常见变质岩典型变质结构的认识（可结合磨片标本在显微镜下观察）

变晶结构——大理岩、角闪片麻岩；
变余结构——变质砂岩（如绿泥石化长石砂岩等）；
碎裂结构——糜棱岩、碎裂岩。

3. 变质岩中常见矿物的识别

变质岩中的矿物，按成因分为两大类：一类是继承性矿物或称共有矿物（经变质作用后保留下来的原岩中的稳定矿物）；另一类是变质矿物（在变质过程中新产生的矿物）。继承性矿物中的石英、长石、云母和变质矿物中的滑石、蛇纹石、石榴子石等已在主要造岩矿物的鉴定中叙述。变质矿物中的黄玉、刚玉可见摩氏硬度计中的标本，绿泥石、绢云母可观察绿泥石片岩和千枚岩。

4. 常见变质岩综合特征观察

结合标本，对照教材中关于各类常见变质岩的具体描述，逐类逐块进行观察，包括：板岩、千枚岩、结晶片岩（云母片岩、滑石片岩、绿泥石片岩、石榴子石片岩等）、片麻岩、糜棱岩、大理岩和石英岩。

1.4.4　常见变质岩的肉眼鉴定和定名方法

根据变质岩的构造特征，可将其分为两大类：一类是具有片理构造的变质岩，如板岩、千枚岩、各类结晶片岩和片麻岩；另一类是块状构造的变质岩，如大理岩、石英岩等。

对具有片理构造的变质岩的定名常用“附加名称+基本名称”。其中“基本名称”可以用片理构造类型表示，如具有板状构造者可定名板岩；具有片状构造者可定名片岩……附加名称可以根据变质矿物、主要矿物成分或典型构造特征表示。如对一块具有明显片麻状构造的岩石，若其矿物组成中含有特征变质矿物石榴子石，则在片麻岩前冠以“石榴子石”，该岩石则定名为“石榴子石片麻岩”（片麻岩根据其原岩特征分为：正片麻岩—原岩为火成岩；副片麻岩—原岩为沉积岩）。同样，对含滑石或绿泥石较多的片岩分别定名为“滑石片岩”和“绿泥石片岩”。

对具有块状构造变质岩的定名，则主要考虑其结构及成分特征，如粗晶大理岩、中粒石英岩、蛇纹石大理岩。

1.4.5　实验方法

（1）参照本书和教材中对有关常见变质岩的描述，对照标本，在教师指导下进行独立观察。
（2）如有条件可借用偏光显微镜对角闪片麻岩、绿泥石化长石砂岩和糜棱岩等进行观察。
（3）观察眼球状片麻岩、肠状片麻岩等，加深对变质岩中定向排列构造的认识。

（4）在深入观察的基础上，总结具备不同构造的各类变质岩的鉴定特征。

1.4.6 作业及思考题

（1）变质岩的片理构造与沉积岩的层理构造有何区别？

（2）常见变质岩的块状构造与火成岩的块状构造有何不同？

（3）继承性矿物的含义是什么？变质岩中的继承性矿物与其他岩类中存在的这些矿物有什么区别？

（4）说出下列各组岩石的主要区别：

片麻岩—片岩；

板岩—薄板状石灰岩；

千枚岩—页岩—片岩；

片麻岩—花岗岩；

石英岩—石英砂岩—大理岩。

（5）鉴定4块未记名标本，按表1.9格式填写实验报告。

表1.9 实验报告——质岩标本的肉眼鉴定 年 月 日

标本号	主要鉴定特征				矿物名称
	颜色	矿物成分	结构	构造	

班级________ 姓名________ 学号________

评阅老师__________ 成绩__________

1.5 常见三大类岩石的综合鉴定

1.5.1 实验目的与要求

（1）复习矿物、三大类岩石的鉴定方法。

（2）对三大类岩石的基本分类特点进行综合比较和总结。

（3）在区别三大类岩石的矿物组成、结构、构造特点的基础上，对常见岩石进行综合肉眼鉴定。

1.5.2 实验准备工作

全面复习相关章节的内容。

1.5.3 岩石的综合肉眼鉴定提示

1. 三大类岩石间的转化关系

不同类型的岩石在自然界并非孤立存在，而是在一定条件下相互依存，并不断地进行转化。这种由原岩转变成新岩的过程，不是也不可能是简单的重复，新生成的岩石不仅在成分上，而且在结构、构造上与原岩均有极大的差异。

2. 各类常见岩石的主要特征

常见三大类岩石以其固有的特点相互区别，如表 1.10 所示。岩石综合肉眼鉴定步骤提示。肉眼对岩石进行分类和鉴定，在野外要充分考虑其产状特征，在室内对标本的观察上，最关键的是要抓住其结构、构造、矿物组成等特征。具体步骤如下：

表 1.10　三大类岩石主要特征区分简表

特征＼岩类	火成岩	沉积岩	变质岩
矿物成分	均为原生矿物，成分复杂，常见的有石英、长石、角闪石、辉石、橄榄石、黑云母等	除石英、长石、白云母等原生矿物外，次生矿物占相当数量，如方解石、白云石、高岭石、海绿石等	除具有原岩的矿物成分外，尚有典型的变质矿物，如绢云母、石榴子石、绿泥石等
结构	以粒状结晶、斑状结构为其特征	以碎屑、泥质及生物碎屑、化学结构为其特征	以变晶、变余、压碎结构为其特征
构造	具有流纹、气孔、杏仁、块状构造	多具有层理构造，局部含生物化石	多具有片理、片麻理等构造
产状	多以侵入体出现，少数为喷发岩，呈不规则状	有规律的层状	随原岩产状而定
分布	花岗岩、玄武岩分布最广	黏土岩分布最广，其次是砂岩、石灰岩	区域变质岩分布最广，其次为接触变质岩和动力变质岩

（1）观察岩石的构造。从岩石的外表上就可反映它的成因类型：如具有气孔、杏仁、流纹构造形态时一般属于火成岩中的喷出岩类；具有层理构造以及层面构造时是沉积岩类；具有板状、千枚状、片状或片麻状构造时则属于变质岩类。

（2）在三大类岩石的构造中，都有“块状构造”。如火成岩中的石英斑岩标本，沉积岩中的石英砂岩标本，变质岩中的石英岩标本，表面上很难区分，这时，应结合岩石的结构特征和矿物成分的观察进行分析：石英斑岩具火成岩的似斑状结构，其斑晶与石基矿物间结晶联结；而石英砂岩具沉积岩的碎屑结构，碎屑之间呈胶结联结；石英斑岩中的石英斑晶具有一定的结晶外形，呈棱柱状或粒状；石英砂岩中的颗粒大小均匀，可呈浑圆状，玻璃光泽已经消失，锤击或刀刻岩石中胶结不牢的部位时，可以看到石英颗粒与胶结物分离后留下的小凹坑。经过重结晶变质作用形成的石英岩，则往往呈致密状，肉眼分辨不出石英颗粒，且石英质坚硬、性脆。

（3）对岩石结构的深入观察，可对岩石进行进一步的分类。如火成岩中的深成侵入岩类多呈全晶质、显晶质、等粒结构；而浅成侵入岩类则常呈斑状结晶结构。沉积岩中根据组成物质颗粒的大小、成分、联结方式可区分出碎屑岩、黏土岩、生物化学岩类（如砾岩、砂岩，页岩，石灰岩等）。

（4）岩石的矿物组成和化学成分分析，对岩石的分类和定名也是不可缺少的，特别是与火成岩的定名关系尤为密切，如斑岩和玢岩，同属火成岩的浅成岩类，其主要区别在于矿物成分。斑岩中的斑晶矿物主要是正长石和石英，玢岩中的斑晶矿物主要是斜长石和暗色矿物（如角闪石、辉石等）。沉积岩中的次生矿物如方解石、白云石、高岭石石膏、褐铁矿等不可能存在于新鲜的火成岩中。而绢云母、绿泥石、滑石、石棉、石榴子石等则为变质岩所特有。因此，根据某些变质矿物成分的分析，就可初步判定岩石的类别。

（5）在岩石的定名方面，如果由多种矿物组分组成，则以含量最多的矿物与岩石的基本名称紧密相联，其他较次要的矿物，按含量多少依次向左排列，如“角闪斜长片麻岩”，说明其矿物成分是以斜长石为主，并有相当数量的角闪石，其他火成岩、沉积岩的多元定名含意也是如此。

（6）应注意的是在肉眼鉴定岩石标本时，常有许多矿物成分难于辨认，如具隐晶质结构或玻璃质结构的火成岩，泥质或化学结构的沉积岩，以及部分变质岩，由结晶细微或非结晶的物质成分组成，一般只能根据颜色的深浅、坚硬性、比重的大小和“盐酸反应”进行初步判断。火成岩中深色成分为主的，常为基性岩类；浅色成分为主的，常为酸性岩类。沉积岩中较为坚硬的多为硅质胶结或硅质成分的岩石，比重大的多为含铁、锰质量大的岩石，有“盐酸反应”的一定是碳酸盐类岩石等。

1.5.4 实验方法

（1）由学生参照本书和教材中有关各类岩石特征描述，自行对教学大纲中要求的全部岩石标本作综合观察。选定外观相似，但成因不同的岩石标本（如花岗岩与片麻岩、石英砂岩与石英岩、砾岩与斑岩等）作深入地分析和对比。

（2）如有条件，可将岩石磨片（如花岗岩、玄武岩、片麻岩、片岩、鲕状灰岩等）进行偏光显微镜下观察，便能更清楚地鉴别岩石的结构及矿物成分。

1.5.5 作业及思考题

（1）简述粗面岩与闪长玢岩的区别。

（2）对比下列各组矿物、岩石的异同点：

纤维状石膏—石棉；　　　方解石—白云石；

石英—正长石；　　　　黏土岩—泥灰岩；

板岩—页岩；　　　　硅质灰岩—白云岩；

火山角砾岩—断层角砾岩（或糜棱岩）。

（3）在课前复习、课内系统观察的基础上，对 6～8 块未记名岩矿标本（其中矿物标本 1～2 块）进行肉眼鉴定测验（按表 1.11 格式填写）。表中对于矿物，主要特征描述包括：颜色、化学成分、硬度、解理、光泽、透明度、与稀盐酸的反应等；对于岩石则主要描写颜色、矿物组成、结构、构造等特征。

表 1.11　实验报告——三大类岩石标本的肉眼鉴定　　年　月　日

标本号	主要鉴定特征描述	岩石类别	岩石名称

班级________　姓名________　学号________

评阅老师__________　成绩__________

1.6　地质界面的产状要素

1.6.1　实验目的与要求

（1）学会从地质图上确定岩层产状要素的方法。

（2）已知地层产状要素，学习在地质图上确定地质分界线的方法。

1.6.2　实习准备工作

（1）预习教材相关章节中有关岩层产状要素的定义及其表示方法。

（2）复习立体几何中有关任意空间倾斜面和水平面的交线的作法。

1.6.3　实习内容

已知岩层的产状要素，确定其在地形图上的地质分界线。如图 1.1 所示，已知某单斜岩

层中的一个露头点 A 和它的产状要素（NW330°，NE60°，∠45°），其地质分界线的求法如下：

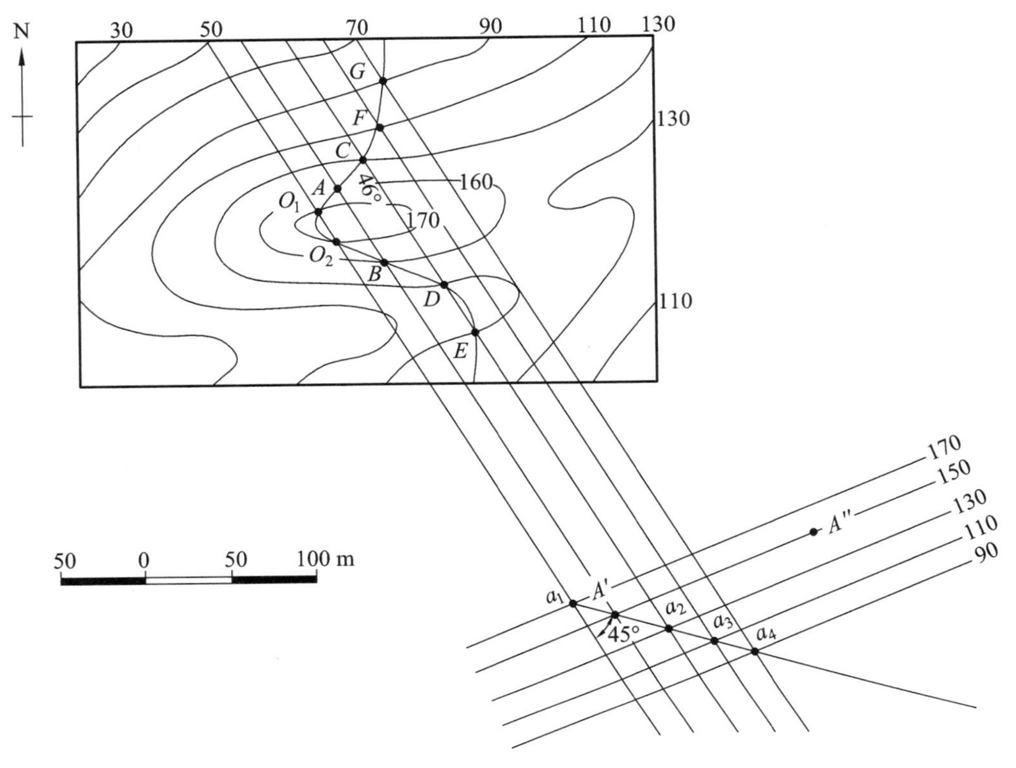

图 1.1 确定地质分界线的作法图

将 A 点走向线 NW330° 方向延长至 A' 点（图框外适当部位），按图中所示作 AA' 的垂线 $A'A''$，高程为 150 m。

（1）按比例尺换算出相隔 20 m 的高程差在图上的间距应为 4 mm（平面图比例尺为 1∶5 000，那么 20 m 的间距则为 4 mm）。

（2）以 4 mm 为间距平行 $A'A''$（150 m）分别作出 90、110、130、150、170 m 的平行等高线。

（3）通过 A' 点作一个与这些平行线成 45° 的夹角，即岩层的倾角（这条线沿倾斜方向逐渐降低），则 $a_1A'a_2a_3a_4$ 分别为夹角边与 170、150、130、110、90 m 的平行线的交点。

（4）过各交点引 AA' 的平行线分别与图中 170、150、130、110、90 m 诸等高线相交于 O_1、O_2、B、C、D、E、F、G 等点。

（5）图幅中不能求得的交点可用内插法（画至图框边缘），并按顺序用平滑曲线连接诸点切口得到该单斜岩层的地质分界线。

已知地层层面（顶或底）的地质分界线，在地质图上确定岩层的产状要素。可分两种情况求出：

（1）同一条地质分界线两次穿越同一条地形等高线可得到两个交点，连接两点成线即走向线，如图 1.2 所示。地质分界线穿越 80 m 等高线分别于 A、B 两点，穿越 70 m 等高线分别于 C、D 两点，欲求 80 m 处岩层的产状要素，其步骤如下：

① 过 AB 引直线，则 $\overline{AB}$ 为该处岩层的走向；

② 过等高线 70 m 处与地质界线的相交点 C 和 D 引直线 $\overline{CD}$，并自标高高的 $\overline{AB}$ 走向线向标高低的走向线 $\overline{CD}$ 作垂线 EF，则 EF 为倾向线；

③ 按比例尺截取 EG，使 EG 等于 AB 走向线和 CD 走向线间的高差；

④ 连接 FG，则 $\angle EFG$ 就是该岩层的倾角。

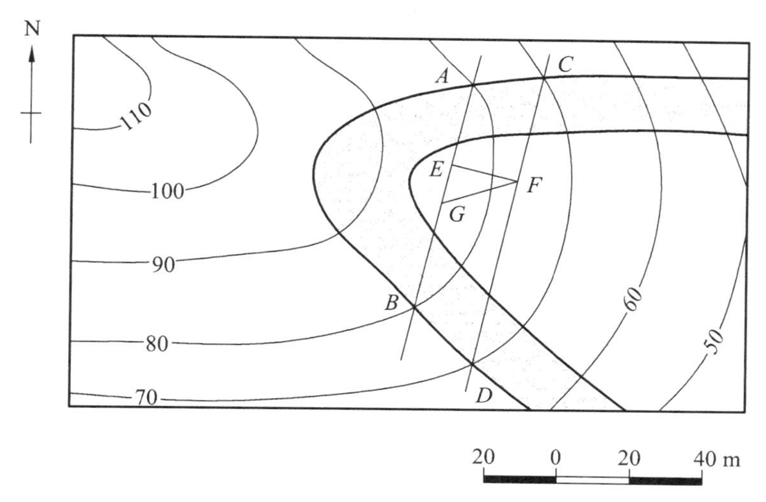

图 1.2　岩层其倾向、倾角的求法图

（2）地质界线仅穿越地形等高线一次，如图 1.3 所示，地质界线穿越 600 m、500 m、400 m 地形等高线于 A、B、C 三点，欲求 AC 线岩层的产状要素，其步骤如下：

① 连 AC，并求得 AC 的中点 M；

② 过 M、B 引直线，则该直线 $\overline{MB}$ 为 500 m 处该岩层的走向线；

③ 过 A 点和 C 点分别引 BM 的平行线 $\overline{AF}$ 和 $\overline{CG}$，则 AF 和 CG 分别代表 600 m 处和 400 m 处的走向线；

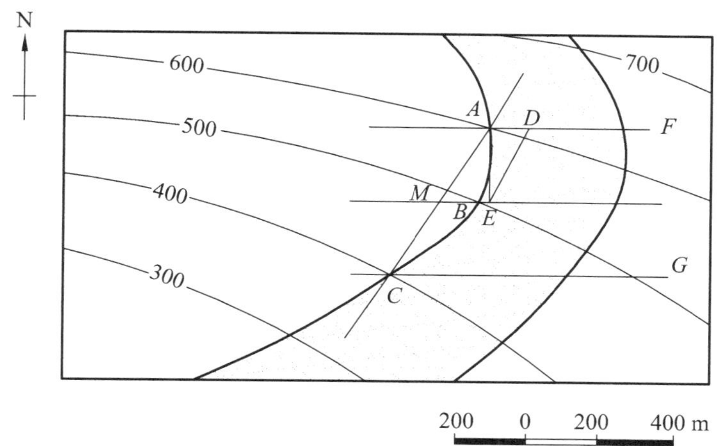

图 1.3　地质界线仅穿越等高线一次以时，其岩层倾向、倾角的求法

④ 在 AF 走向线上截取 AD，使 AD 等于一个等高距，并过 A 点引垂线相交 BM 于 E 点，连接 ED，则 $\angle AED$ 为岩层的倾角。

1. 视倾角的换算方法

如果在平面地质图上标有岩层产状，绘制的剖面方向又与其走向垂直，则可直接在剖面图上的相应界限点按倾斜方向作倾角斜边即得地层分界线。

如果所选择的剖面方向与地层走向不垂直（这在工程建设中是常见的），则应将岩层的倾角（真倾角）换算成相应的视倾角（假倾角），在剖面图上按此视倾角值作剖面图。

真、视倾角的换算方法有三种：

（1）计算法：如图 1.4 所示，*AB* 为剖面线方向，*AD* 为岩层的倾向，*EE*′为岩层的走向，θ为岩层走向与剖面方向间的夹角，α 为岩层真倾角，则视倾角β 的求法如下：

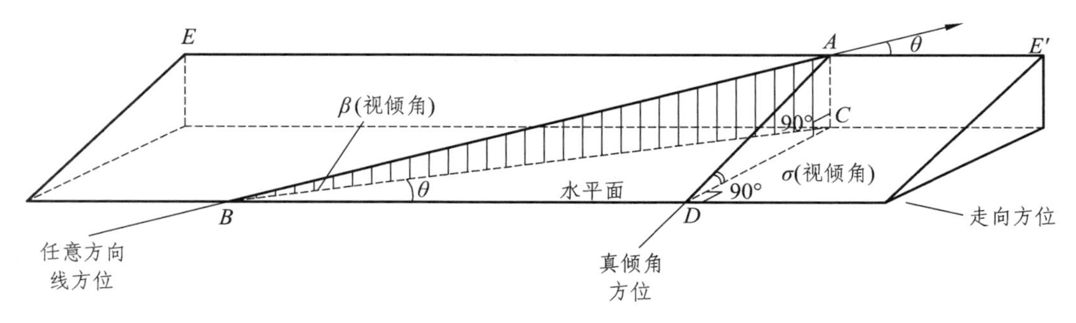

图 1.4 真、视倾角示意图

① 连接图中 *AC*、*DC*、*BC*，组成三角形 *ABC*、*ADC*、*BCD*;

② 在三角形 *ABC* 中：

$$\tan\beta=\frac{AC}{BC} \tag{1.6-1}$$

在三角形 *ADC* 中：

$$\tan\alpha=\frac{AC}{CD} \tag{1.6-2}$$

所以 $AC=CD\tan\alpha$ 。

在三角形 *BCD* 中则有

$$\sin\theta=\frac{DC}{BC} \tag{1.6-3}$$

所以 $BC=\dfrac{CD}{\sin\theta}$ 。

③ 将 *AC*、*BC* 值代入式（1.6-1）中便有： $\tan\beta=\tan\alpha\cdot\sin\theta$ 。

例如有一岩层产状为 NE60°，NW，∠50°，其在 NE15°方向上的视倾角β值为：$\tan\beta=\tan 50°\cdot\sin(60°-15°)$ ，即

$$\beta=\tan^{-1}[\sin(60°-15°)\cdot\tan 50°]=40°07'$$

（2）查表法：如表 1.12 中所列，若 $\theta=45°$（θ 指岩层走向与剖面方向间的夹角），真倾角 $\alpha=50°$，查真、视倾角换算表可得 $\beta=37°27'$。

表 1.12　倾角换算表

真倾角（α）	岩层走向与剖面间夹角（β）								
	80°	70°	60°	50°	40°	30°	20°	10°	1°
10°	9°51′	9°24′	8°41′	7°41′	6°28′	5°2′	3°27′	1°45′	0°10′
15°	14°47′	14°8′	13°34′	11°36′	9°46′	7°38′	5°14′	2°40′	0°16′
20°	19°43′	18°53′	17°30′	15°35′	13°10′	10°19′	7°6′	3°37′	0°22′
25°	24°48′	23°39′	22°0′	19°39′	16°41′	13°7′	9°3′	4°37′	0°28′
30°	29°37′	28°29′	26°34′	23°51′	20°21′	16°6′	11°10′	5°44′	0°35′
35°	34°36′	33°21′	31°13′	28°12′	24°14′	19°18′	13°28′	6°56′	0°42′
40°	39°34′	38°15′	36°0′	32°44′	28°20′	22°45′	16°0′	8°17′	0°50′
45°	44°34′	43°13′	40°54′	37°27′	32°44′	26°33′	18°53′	9°51′	1°0′
50°	49°34′	48°14′	45°54′	42°23′	37°27′	30°47′	22°11′	11°41′	1°11′
55°	54°35′	53°19′	51°3′	47°35′	42°23′	35°32′	26°2′	13°55′	1°26′
60°	59°37′	58°26′	56°19′	53°0′	48°4′	40°54′	30°29′	16°44′	1°44′
65°	64°40′	63°36′	61°42′	58°40′	54°2′	46°59′	36°15′	20°25′	2°9′
70°	69°43′	68°49′	67°12′	64°35′	60°29′	53°57′	43°13′	25°30′	2°45′
75°	74°47′	74°5′	72°48′	70°43′	67°22′	61°49′	51°55′	32°57′	3°44′
80°	79°51′	79°22′	78°29′	77°2′	74°40′	70°34′	62°43′	44°33′	5°31′
85°	84°56′	94°41′	84°14′	83°29′	82°15′	80°5′	75°39′	63°15′	11°17′
89°	88°59′	88°55′	88°51′	88°42′	88°27′	88°0′	87°5′	84°15′	44°15′

（3）列线图法（图 1.5）：如图中$\alpha = 86°$，$\theta = 7°$，则$\beta = 60°$。

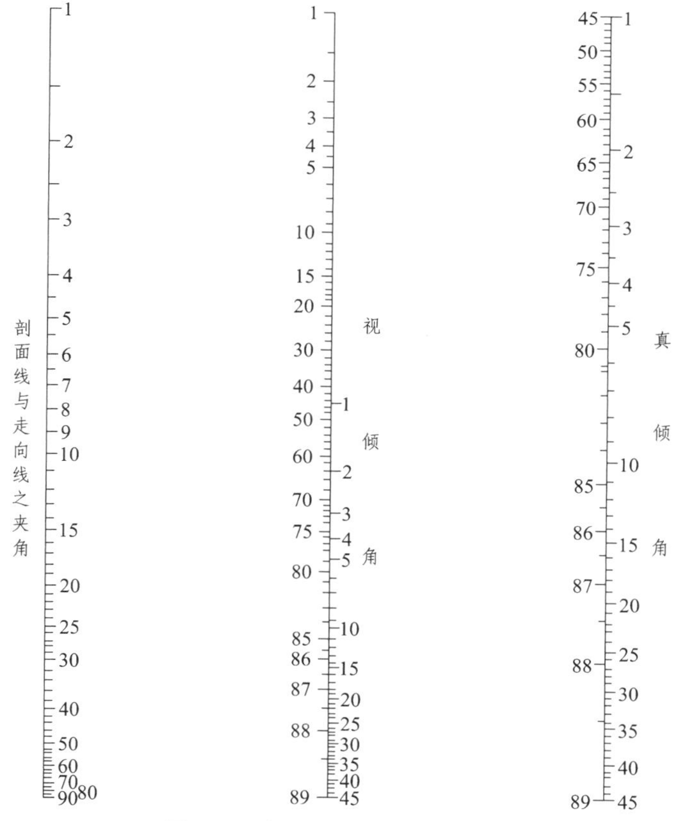

图 1.5　真、视倾角换算列线图

注：列线图使用方法：根据实测资料，分别在左尺和右尺上找到已知数据，用直尺相连，可迅速在中尺上找到相应的视倾角值。如图中已知真倾角为 86°，剖面与岩层走向间夹角为 7°，则视倾角为 60°。图尺是根据图算原理制作而成，亦称诺谟图。

2．垂直比例尺放大后的倾角值

对于地势比较平缓的地区，制作剖面图时，需放大垂直比例尺，放大后的岩层倾角值按表 1.13 查对。

表 1.13　由已知真倾角求垂直比例尺放大后倾角值

垂直比例尺相对放大倍数	真倾角																
	5°	10°	15°	20°	25°	30°	35°	40°	45°	50°	55°	60°	65°	70°	75°	80°	85°
×2	10	19	28	37	43	50	54.5	59	63.5	67	71	74	77	80	82.5	85	87.5
×3	15	30	39	47.2	54.5	67	65	68.5	72	74.5	77	79	81	83	85	87	88
×4	19	35	47	55.5	62	66.5	70	72.5	76	78	80	82	83	85	86	87.5	89
×5	23	41.5	53	61	67	71	74	77	79	81	82	83	85.5	86	87	88	89

1.6.4　作业与思考题

（1）有一个真倾角为 α 的地质界面，其延伸方向不变，当不同方向的剖面切过它时，该地质界面在这些剖面图上的视倾角变动范围如何？并予以证明。

（2）如图 1.6 所示，某坝址由砂页岩组成，产状为 NE60°，NW，∠30°，试比较 I—I′及Ⅱ—Ⅱ′坝轴线的优缺点，并求 I—I′坝轴线与地层产状的视倾角（提示：Ⅱ—Ⅱ′坝轴线与地层的走向是平行的，I—I′与Ⅱ—Ⅱ′线的夹角是 30°）。

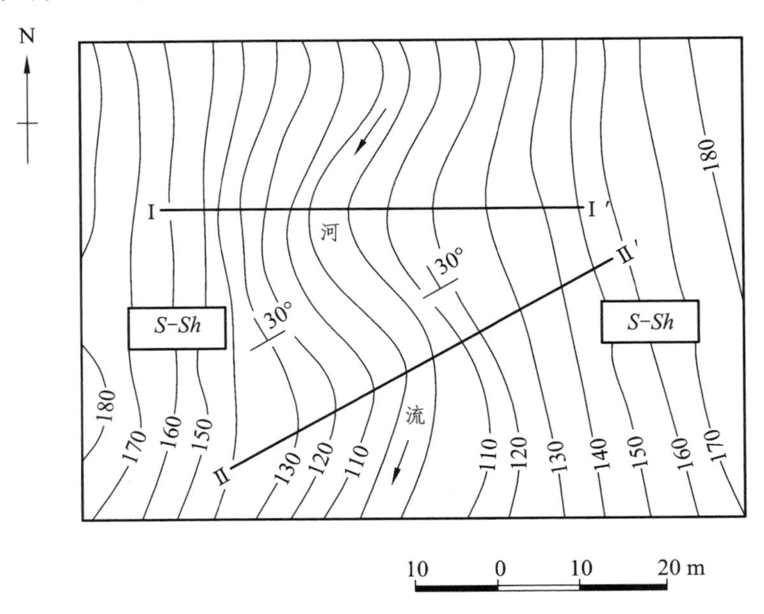

图 1.6　某坝址坝轴线比较图

（3）如图 1.7 所示，求 C_3^2 与 P_1^1 地层分界线的产状要素。

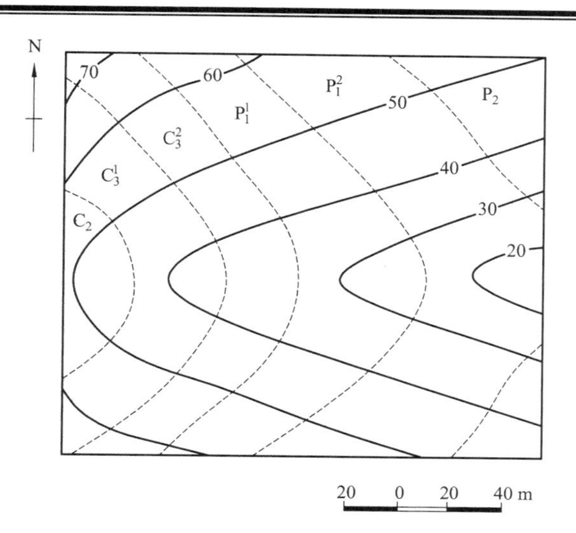

图 1.7　某地区地质图

（4）如图 1.8 所示，图中地层分界线与同一条地形等高线只相交一次，求 J_2 与 J_3 分界线的岩层产状。

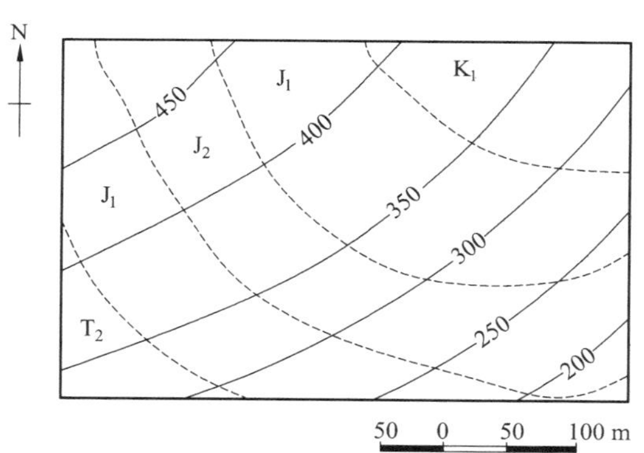

图 1.8　某单斜岩层地区地质图

（5）如图 1.9 所示，已知 *A* 点（NW340°，NE，∠35°）的产状要素，求该单斜岩层的地质线（用点线表示出来）。

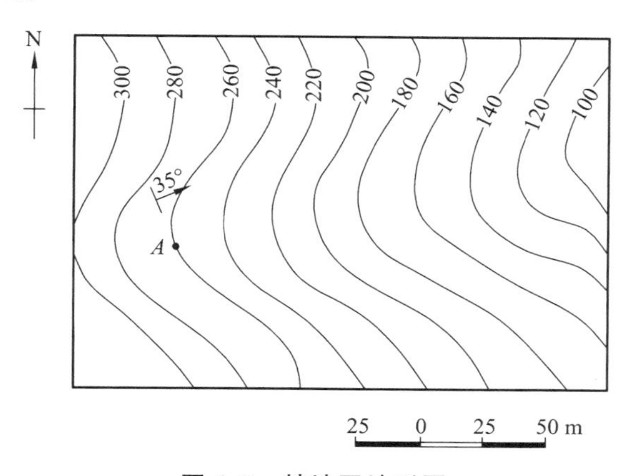

图 1.9　某地区地形图

（6）如图 1.10 所示，P、T 均为倾斜岩层，该地区地形比较平缓，求作 *A*—*A'*剖面图，并作一放大（1 倍或 2 倍）垂直比例尺的剖面图进行比较。

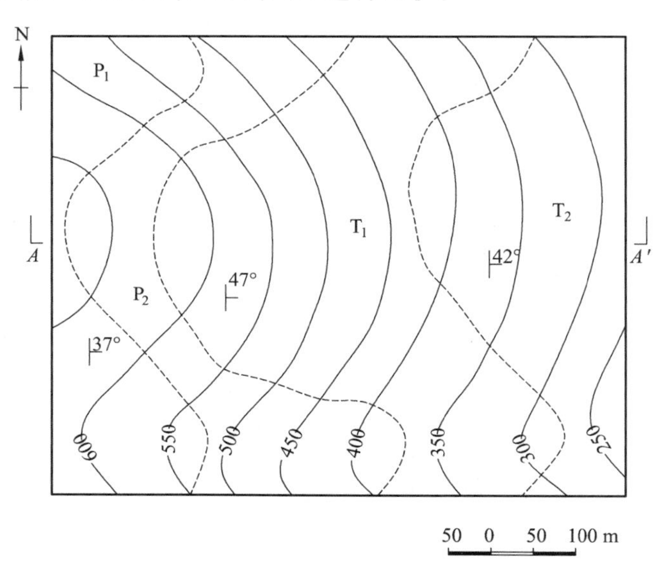

图 1.10 某地区地质图

1.7 水利工程地质资料的综合分析

1.7.1 实验目的与要求

（1）学习综合分析水利工程地质资料的方法和步骤。

（2）熟悉水利工程在不同的勘测设计阶段，对坝段、坝址及坝轴线选择方面，常用的地质图及资料，学会应用工程地质条件进行分析及评价的方法，培养正确使用工程地质资料的能力。

（3）实习前要求复习教材相关章节中，关于坝址选择及枢纽布置的工程地质条件分析一节。

（4）在教师的指导下进行课堂讨论。

（5）课外进行总结并写出书面报告。

1.7.2 水垫塘地段地质条件

水垫塘位于坝后桩号水 0+036 m—0+380 m 地段，其底宽 70 m，为梯形复式断面，建基面高程 962 m，局部 960 m。该地段可供参考的主要勘探点有：ZK3、ZK20、ZK21、ZK32、ZK80、ZK83、ZK103、ZK105、ZK176、ZK178、ZK179；钻孔资料见表 1.14。据勘探钻孔资料，河床部位基岩面起伏不平，总体高程在 960 m 左右，局部地段基岩面高程在 952 m 左右。水垫塘两岸开挖边坡总体走向为 N4°E ~ N10°W，边坡高达 164 ~ 254 m，边坡地段两岸地形陡峻，且左岸比右岸更陡峻。左岸山坡坡度一般为 38° ~ 47°，局部陡崖地段达 60°以上，桩号水 0+120 m 附近为龙潭干沟，表部为第四系覆盖层覆盖，沟两壁及其下游侧的④号山梁基岩裸露，桩号水 0+400 m 附近为 F5 沟，沟内普遍见有第四系覆盖层。右岸坡度一般为 34° ~

39°，桩号水 0+270 m 附近为豹子洞干沟，高程 1 100 m 以上及⑤号山梁地段基岩裸露，其他地段表部为第四系覆盖层。

该地段河床冲积层厚度一般为 15 ~ 20 m，两岸坡、崩积层厚度一般 2 ~ 10 m，最厚达 40 m。该地段分布的基岩为 MⅣ-1、MⅣ-2 层，岩性主要为黑云花岗片麻岩、角闪斜长片麻岩夹片岩，勘探资料表明，部分片岩夹层有挤压现象，两侧有不连续的泥膜分布。水垫塘地段出露及有影响的Ⅲ级断层有 F5、F10 和 F11，Ⅳ级结构面主要有 f9、f10、f12、f13、f14、f19、f22、f23 和 f29，Ⅳ级及以下结构面较发育，因此局部地段岩体块度较小。河床地段无Ⅳ级以上顺河断层分布。河床底部一般无强风化岩体分布，表层基岩以弱、微风化岩体为主，大部地段浅表部位岩体由于卸荷作用而见隐微裂隙；两岸全、强风化岩体底界埋深一般不超过 25 m，最厚达 41 m，弱风化岩体底界埋深一般 16 ~ 40 m，局部地段大于 60 m。两岸强卸荷岩体底界埋深一般小于 20 m，局部地段达 40 m，卸荷岩体底界埋深一般 20 ~ 50 m，局部地段超过 60 m。大部地段浅表部位岩体由于卸荷作用而见隐微裂隙，钻孔中较深部位出现饼状岩芯，如 ZK20、ZK80、ZK83、ZK103、ZK105 等。说明岩体中具有一定的地应力集中，基坑开挖时可能会出现轻微岩爆现象。建议基坑开挖后采用一定的处理措施，尽可能限制岩体松弛发展，并进行必要的监测，根据监测结果以采取适当的处理方案。

水垫塘地段的地下水以裂隙潜水为主，局部地段见有裂隙承压水，裂隙潜水水位埋深一般为 20 ~ 50 m，极微透水岩体顶界埋深一般在基岩面以下 45 ~ 50 m。地下水一般对混凝土不具任何侵蚀性，局部对混凝土有溶出性侵蚀。

表 1.14　水垫塘地段钻孔资料汇总表

孔号	孔口高程/m	覆盖层厚度/m	弱风化岩体底板埋深/m	岩体质量		备注
				孔深/m	结构类型	
ZK3	983.48	18.88	—	18.88 ~ 27.73	Ⅲ	
				27.73 ~ 70.12	Ⅱ	
				38.47 ~ 110.40	Ⅱ	
				110.40 ~ 134.01	Ⅲ	
				134.01 ~ 150.04	Ⅱ	
ZK20	983.87	18.30	—	18.30 ~ 24.59	Ⅲ	饼状岩芯：75.6 ~ 76.6 m，79.2 ~ 80.1 m，91.25 ~ 92.26 m
				24.59 ~ 92.86	Ⅱ	
				92.86 ~ 119.83	Ⅲ	
				119.83 ~ 141.43	Ⅰ	
ZK21	981.31	15.80	—	15.80 ~ 18.56	Ⅱ	
ZK32	983.47	20.70	—	20.70 ~ 23.19	Ⅱ	
ZK80*	996.00	3.63	24.17	18.63 ~ 28.42	Ⅳa	饼状岩芯：96.39 ~ 96.5 m，96.86 ~ 96.92 m 孔向：S89°30′W，∠60°
				28.42 ~ 73.30	Ⅱ	
				73.30 ~ 82.96	Ⅳb	
				82.96 ~ 94.81	Ⅱ	

续表 1.14

孔号	孔口高程/m	覆盖层厚度/m	弱风化岩体底板埋深/m	岩体质量		备注
				孔深/m	结构类型	
ZK80*	996.00	3.63	24.17	94.81 ~ 109.00	Ⅲ	
				109.00 ~ 132.30	Ⅱ	
				132.30 ~ 138.94	Ⅲ	
				138.94 ~ 182.70	Ⅰ	
				182.70 ~ 200.22	Ⅱ	
				51.74 ~ 200.46	Ⅱ	
ZK83	983.83	21.70	—	21.70 ~ 42.63	Ⅲ	饼状岩芯：70.61 ~ 70.7 m
				42.63 ~ 47.10	Ⅳb	
				47.10 ~ 100.30	Ⅰ+Ⅱ	
ZK85	981.08	21.60	—	21.60 ~ 100.16	Ⅱ	
ZK103	983.55	30.80	—	30.80 ~ 51.32	Ⅱ	饼状岩芯：51.32 ~ 51.67 m，81.18 ~ 81.26 m
				51.32 ~ 58.72	Ⅳb	
				58.72 ~ 67.90	Ⅱ	
				67.90 ~ 87.60	Ⅰ	
				87.06 ~ 93.00	Ⅳb	
				93.00 ~ 100.03	Ⅱ	
ZK105	984.07	17.08	28.35	17.08 ~ 22.84	Ⅳa	饼状岩芯：44.5 ~ 45.02 m，45.45 ~ 45.73 m，46.3 ~ 46.76 m
				22.84 ~ 28.35	Ⅲ	
				28.35 ~ 41.38	Ⅱ	
				41.38 ~ 50.07	Ⅰ	
				13.87 ~ 30.53	Ⅲ	
ZK176	983.92	20.48	33.30	27.34 ~ 31.85	Ⅳa	
				31.85 ~ 33.30	Ⅳb	
				33.30 ~ 35.80	Ⅱ	
				35.80 ~ 40.14	Ⅲ	
				40.14 ~ 55.13	Ⅱ	
				55.13 ~ 75.45	Ⅳb	
ZK178	982.81	13.60	15.47	13.60 ~ 15.47	Ⅲ	
				15.47 ~ 75.25	Ⅱ	
ZK179	998.40	6.49	>30.61	6.49 ~ 25.48	Ⅲ	
				25.48 ~ 30.61	Ⅱ	

1.7.3 二道坝地段地质条件

二道坝布置在坝后桩号水 0+383 m—水 0+424 m 地段，为混凝土重力坝。河床部位建基面高程 960 m，坝顶高程 1 004 m，最大坝高 44 m，底宽 41 m，顶宽 6 m，坝顶高程处河谷宽 155 m。二道坝部位可供参考的主要勘探点有：ZK22、ZK30；钻孔资料见表 1.15。该地段河床基岩面起伏不平，其顶板高程一般在 961 m 附近，两岸边基岩低平，第四系覆盖层较厚。

表 1.15 水垫塘地段钻孔资料汇总表

孔号	孔口高程/m	覆盖层厚度/m	弱风化岩体底板埋深/m	岩体质量		备注
				孔深/m	岩体分类	
ZK22	978.32	17.00	—	17.00 ~ 149.46	Ⅱ	饼状岩芯：27.83 ~ 28.4 m，37.34 ~ 37.87 m
ZK30*	1002.53	40.44	44.50	40.44 ~ 46.06	Ⅲ	孔向：S89°W，∠65
				46.06 ~ 65.30	Ⅱ	
				65.30 ~ 108.00	Ⅰ	
				108.00 ~ 112.89	Ⅱ	
				112.89 ~ 180.94	Ⅰ	
				180.94 ~ 184.01	Ⅲ	
				184.01 ~ 228.80	Ⅰ	
				228.80 ~ 236.19	Ⅳb	

二道坝地段分布的基岩为角闪斜长片麻岩（MⅣ-1 中的℗夹层）夹片岩，据岸边平硐统计，其中片岩夹层平均厚度约 0.27 m，间距 16.7 m，片岩夹层在风化卸荷带中多泥化或软化。通过二道坝及对开挖地段有影响的Ⅲ级以上断层有 F5，低于Ⅲ级的次级结构面较发育，这些结构面和部分被泥化、软化的片岩即为主要的软弱岩带。二道坝坝基基岩面顶板高程一般在 961 m 左右，冲积层厚度一般为 17 ~ 30 m，河床底部无强风化岩体分布，浅部基岩均为弱、微风化岩体。两岸边基岩面低平，第四系覆盖层较厚，右岸坡积层厚度 20 ~ 25 m，全、强风化岩体厚度小于 6 m，弱风化岩体底界埋深 22 ~ 30 m。左岸河漫滩地段冲积层厚度约 30 m，河漫滩以上地段崩、坡积层厚度 10 ~ 15 m，全、强风化岩体厚度一般小于 10 m，弱风化岩体底界埋深 35 ~ 40 m。卸荷作用相对较弱，右岸无强卸荷岩体分布，左岸强卸荷岩体底界埋深小于 10 m，两岸卸荷岩体底界埋深一般 15 ~ 30 m。钻孔中较深部位出现饼状岩芯，如 ZK22 等。说明岩体中具有一定的地应力集中，基坑开挖时可能会出现轻微岩爆现象。

二道坝坝基地下水以裂隙潜水为主，并有脉状裂隙承压水分布。部分裂隙潜水对混凝土具有溶出性侵蚀。脉状裂隙承压水流量较小。

1.7.4 有关课堂讨论的提示

试指出本地区有哪些地质时代的地层?有什么地质构造?施工中应注意什么问题?

1.8 某地铁车站基坑降水设计方案分析

1.8.1 作业目的与要求

通过水文地质资料的系统整理与分析，掌握水文地质的基本知识，本作业要求如下：

（1）分析区域工程地质水文地质资料。

（2）掌握设计思路、计算公式和设计方法。

1.8.2 基本资料

工程场地位起止里程 AK30+885.79—AK31+479.39，从本场地中东部穿过，离基坑 300 m 有一条东西走向的河道。基坑底东西向长度 594 m，上口东西向长度 661 m，南北宽度 26.3 ~ 81.4 m，基坑开挖深度为 15.50 m，有效基坑开挖宽度为 22.1 m。基坑防护采用三级放坡挂网喷射混凝土的支护方式，一阶坡高 4 500 mm，坡率 11.67，平台宽度 2 000 mm；二阶坡高 5 500 mm，坡率 1∶1.67，平台宽度 2 000 mm；三阶坡高 5 500 mm，坡率 1∶1.67。

场地内主要地层为第四系地层，地层及性质自上而下为：粉土、粉质黏土、粉土、粉质黏土、细砂、中砂，场地地下水位埋深 3.35 ~ 3.65 m，弱承压水稳定水位 2.0 ~ 3.4 m，承压水头 11.1 ~ 12.5 m，取 12.0 m，稳定水位取 2.5 m，第③层粉质黏土平均厚度 2.21 m，层底平均埋深 6.40 m，位于地下水位（埋深 3.35 ~ 3.65 m）以下，第⑥层粉质黏土厚度 3.54 m，层底平均埋深为 15.5 m，为软-可塑状态，位于弱承压水以下。

1.8.3 基坑降水设计

1. 降水设计思路

本基坑东西长 594 m，实际土方开挖施工过程中，开挖方向由东向西或者是由西向东马道式开挖，为节约降水成本，在实施降水过程中分两期施工：第一期，从 1 轴（起点 AK30+885.79）—39 轴（中点 AK31+183），分段长度 297 m；第二期，从 39 轴（中点 AK31+183）—78 轴（终点 AK31+479.39），分段长度为 297 m；故本降水按两个基坑计算，地下水位埋深按 2.5 m 计算，因基坑底部已进入承压含水层，基坑涌水量较大，根据郑州地区的经验，宜采用管井降水，降水井布置在基坑底结构轮廓线外侧。本基坑开挖范围大，仅靠坑底周边布置的一圈（内排）降水井降水，很难疏干此两层粉质黏土中的水，为此还要另外布置一圈降水井，主要降潜水含水层、弱承压水中的水，内、外两圈降水井两周降水后可进行土方开挖（见图 1.11）。基坑施工中期可根据情况适当停止外排降水井的运行，此时外排降水井可做渗流井、观测井使用，在雨季重新启动外排井降水，可以起到对内排井减压的作用。施工后期，进行土方回填时，停止内排井降水，仅启动外排井降水，即控制了地下水位，保证回填土方阶段基坑无水，又能加快土方回填速度，促进工程进度。

2. 基坑内排降水井设计

由于车站线路较长，降水时候将车站分为两部分降水。通过对本车站的地质勘察报告查阅，本地下水层按照含水层承压-潜水非完整井基坑涌水计算：

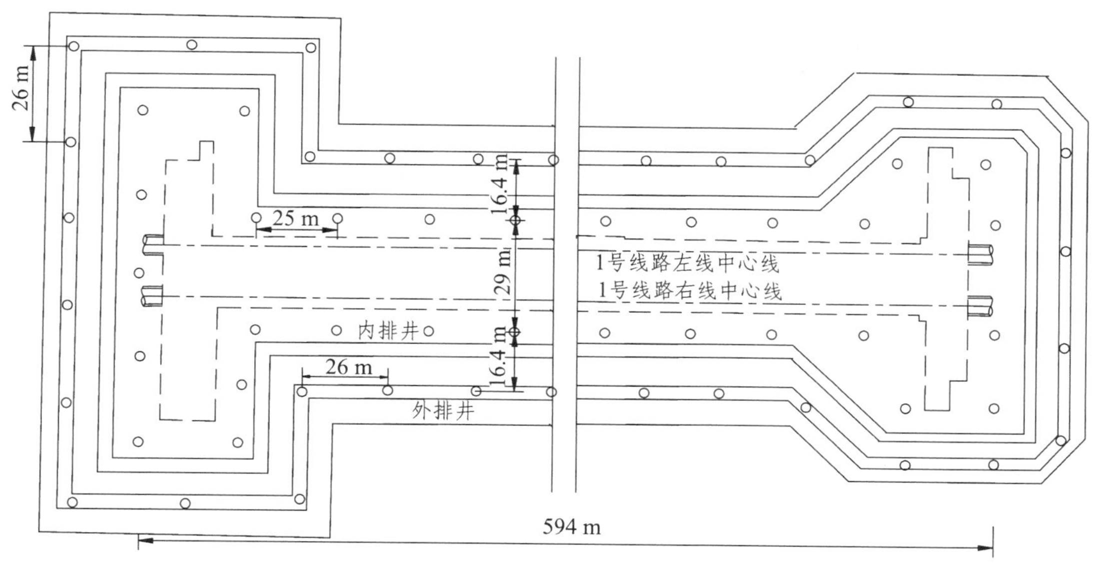

图 1.11　基坑降水井平面布置图

$$Q=\frac{1.366k[(2H-M)M-h^2]}{\log\left(1+\dfrac{R}{r_0}\right)}=10\ 594\ \mathrm{m^3/d}$$

$$q=120\pi rl\sqrt[3]{k}=120\times3.14\times0.15\times5\times\sqrt[3]{15}=697\ \mathrm{m^3/d}$$

式中　R ——降水影响半径，$R=10s\sqrt{k}=561.58$ m；

r_0 ——等效半径，$r_0=\sqrt{\dfrac{A}{\pi}}=52.37$ m；

H ——含水层厚度，$H=31.4$ m;

M ——承压水深度，$M=19.25$ m;

h ——井中水位深度，$h=16.9$ m;

k ——渗透系数，$k=15$ m/d;

s ——井中水位下降值，$s=14.5$ m;

q ——单井出水量;

l ——滤管工作长度，$l=5$ m;

A ——降水面积，$A=8\ 613\ \mathrm{m^2}$;

r ——滤管半径，$r=0.15$ m。

选用 QJ25-30 型潜水泵,日抽水量 600 m^3/d，取 $q=600$ m^3/d。降水井数量 $n=1.1Q/q=1.1\times10\ 594/600=19.4$ 眼，取 $n=20$ 眼，考虑与当地布井经验值，实布 25 眼，整个基坑总布置 50 眼。管井内径 ϕ300 mm，井深 27.0 m。

3. 基坑外排降水井设计

外排降水井主要降放坡段的潜水、弱承压水，对承压水层有一定的卸压作用，井深以进入砂层 4 ~ 5 m 为宜，目的是为了能连续降水不烧泵，外排井设计井深为 25 m，承压层为地面下 14.65 m，井深已进入了承压层以下，可以按含水层承压-潜水非完整井基坑涌水量计算公式计算。由于内排降水井将外排降水井隔开，降水时先内、外排降水井同时降水，当水位降到设计水位时候，逐渐停止外排降水井，只留内排降水井降水，在计算时候将隔开的两降水范围等效转化为同一降水区域。

$$Q=\frac{1.366k[(2H-M)M-h^2]}{\log\left(1+\dfrac{R}{r_0}\right)}=11\ 330.51\ \text{m}^3/\text{d}$$

$$q=120\pi rl\sqrt[3]{k}=120\times3.14\times0.15\times5\times\sqrt[3]{15}=697\ \text{m}^3/\text{d}$$

式中 R——降水影响半径，$R=10s\sqrt{k}=561.58\ \text{m}$；

r_0——等效半径，$r_0=\sqrt{\dfrac{A}{\pi}}=55.65\ \text{m}$；

H——含水层厚度，$H=31.4$ m；

M——承压水深度，$M=19.25$ m；

h——井中水位深度，$h=16.9$ m；

k——渗透系数，$k=15$ m/d；

s——井中水位下降值，$s=14.5$ m；

q——单井出水量；

l——滤管工作长度，$l=5$ m；

A——降水面积，$A=8\ 613\ \text{m}^2$；

r——滤管半径，$r=0.15$ m。

选用 QJ20-40 型潜水泵，日抽水量 480 m^3/d，取 $q=480\ \text{m}^3/\text{d}$。降水井数量 $n=1.1Q/q=1.1\times11\ 330.51/480=25.9$ 口，取 $n=26$ 眼，考虑与当地布井经验值，及外排降水井起辅助作用，实布 32 眼，整个外排井总布置 64 眼。井孔径 ϕ500 mm，管井内径 ϕ300 mm，井深 25.0 m。

4．降水管井布置

本基坑开挖埋深范围内的含水层为浅层粉土、粉质黏土和粉砂、细砂、中砂。粉土和粉质黏土属于弱透水性土，砂层属于强透水层。根据降水试验结果，沿东西轴线方向布置 4 排降水井管，前期外排降水井和内排降水井主要用于加快上层（粉质黏土以上）的土层固结，降低土层含水率，便于土方开挖，后期随着降水，地下水位降低，外排降水井可停止降水，集中使用基坑内的井管降水（见图 1.12）。

经以上计算，基坑内降水井需要 40 口，边坡降水井需 52 口，共需要降水井 97 口。结合郑州市降水经验以及考虑到本地下水受大气降水、七里河补给影响大，外排降水井起辅助作用，分段降水时相应增加降水井作为备用，共布置 50 口内排井，井深 27 m；64 口外排井，井深 25 m。井间间距：内、外排降水井纵向间距为 26 m，内排降水井横向距离为 29 m，内、

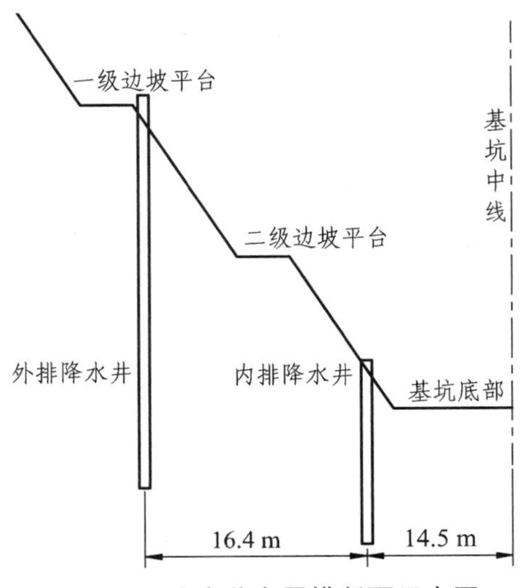

图 1.12 降水井布置横断面示意图

外排降水井之间间距为 16.4 m。

5. 注意事项

（1）基坑开挖前要进行降水试验，并提前降水 2 周以固结开挖土体。降水分 3 次进行，每次降水为设计深度的 1/3，并对其进行详细的记录。严格控制每次降水的深度和降水的时间，降水深度以满足施工需要为原则，严禁超抽。

（2）在车站整个施工阶段，采取不间断的降水井降水措施（备用应急电源），保证基坑内不积水。对渗透系数差异较大的土层、砂层，施工期间密切注意流砂、流土或管涌等不良现象，发现问题及时处理。

（3）每个降水井配备一台水泵，雨季施工时，要增加排水设备，保证满足施工需要。排水泵选用潜水泵、深井泵，所选水泵扬程和出水量要通过试验确定，满足降水设计要求。

（4）派专人工地值班，巡回检查泵的运行情况，发现工作不正常，及时换泵。

（5）开始一个星期，每天测量一次水位，以后 3 天测量一次水位，并做好记录。

（6）基坑运行后期可根据情况适当停止外排降水井的运行，此时外排降水井可做渗流井使用。

6. 降水施工沉降观测

在降水区域附近设置一定数量的沉降观测点及水位观测井，定时观测、记录，及时调整降水量，以保持水幕作用，节约降水成本，如图 1.13 所示。

（1）在降水工程实施前，结合工程实际情况对一定范围内的建（构）筑物和 107 辅道布设沉降监测点。施工降水中对地面建筑和 107 辅道进行连续监测，若累计沉降量接近预警值时，及时上报并采取保护措施，确保基坑施工与周边建筑物和 107 辅道的安全。

（2）基坑开挖每一级平台以及坑内均要设置沉降观测点，定时观测，使基坑开挖的边坡稳定、基坑内水位高度处于可控中。

（3）由于降水期较长，降水使场区地下水均衡关系发生较大变化，必然对周围环境产生影响。为较准确地掌握场区地下水动态变化，及时采取必要的处理措施，在降水工程实施的同时，建立地下动态观测网，及时反馈信息指导施工。

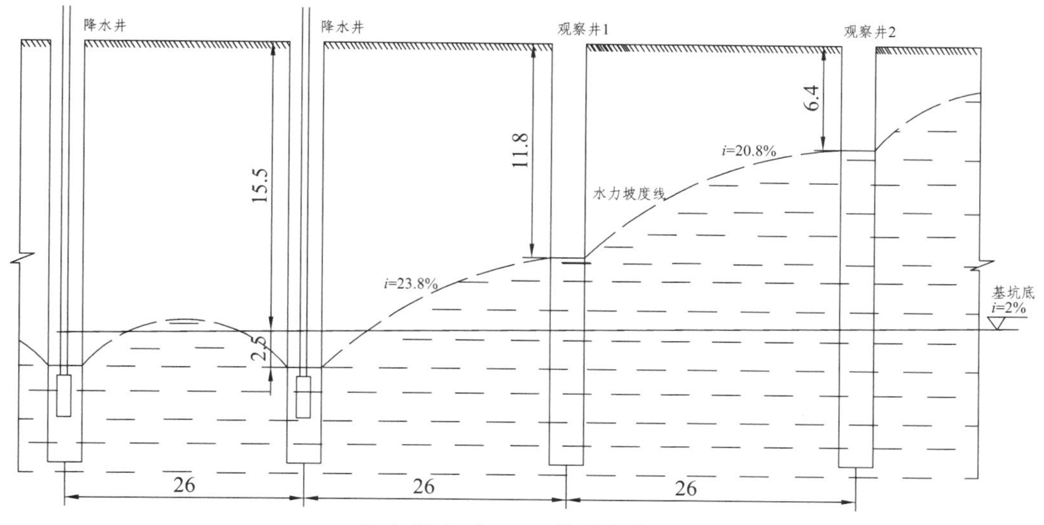

（a）降水后 12 天地下水位图

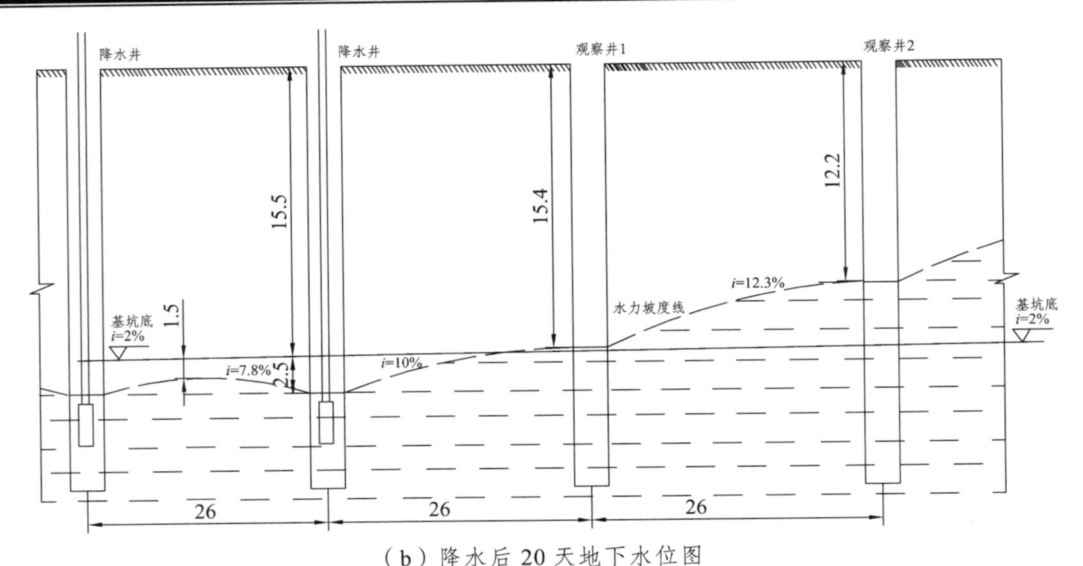

（b）降水后 20 天地下水位图

图 1.13 水位观测图

经过现场测试，降水后期，由于地下水位已经趋于稳定，水压、单孔流水量均降低，将内排降水泵 QJ25-30 更换为 QJ10-40，能满足降水设计要求。

1.9 某地科研示范基地地下水水资源量的计算

1.9.1 作业目的与要求

（1）通过对平原区浅层地下水水量的计算，了解水文地质条件在评价地下水开采量中的作用。

（2）学习计算步骤和方法。

1.9.2 基本资料

1. 地下水类型

（1）第四系河谷漫滩冲积层孔隙潜水。

呈带状沿松花江分布，主要由全新统、下更新统细砂、中砂、含砾中粗砂、砂砾石、砾卵石等组成，其间无稳定黏性土层相隔，形成统一含水层（组）。一般上覆 1 ~ 3 m 粉质黏土或粉质砂土，局部地段砂层直接裸露地表；水位埋深一般在 2 ~ 5 m，个别地方受地形的影响可达 7 ~ 10 m，水位年变幅在 1 ~ 2 m；含水层厚一般为 20 ~ 40 m。渗透系数一般在 20 m/d 左右，富水性强。水化学类型主要为 HCO_3—Ca 或 HCO_3—Na 型水，铁离子含量普遍较高，矿化度小于 0.5 g/L。

（2）第四系一级阶地冲积层潜水-弱承压水。

分布在哈尔滨市区松花江南岸阎家岗—薛家屯—火车站一带，主要由上更新统顾乡屯组及下更新统猞猁组中砂、中粗砂及含砾中粗砂、砂砾石等组成，夹多层淤泥质粉质黏土薄层或透镜体。上覆 5 ~ 20 m 黄土状粉质黏土，水位埋深在 10 ~ 22 m。含水层（组）厚度一般在

25 ~ 35 m，渗透系数 5 ~ 20 m/d，个别可达 30 m/d，富水性中等。水化学类型为 HCO_3—Ca 型水，个别地段铁离子的含量较高，可达 9 ~ 12 mg/L，矿化度小于 0.5 g/L。

（3）第四系高平原冲、洪积层孔隙弱承压水。

大面积分布于松花江以南高平原地区，含水层上段为下荒山组黄色细砂、中粗砂含砾石层，下段猞猁组灰白色细砂、中粗砂含小砾石，夹 2 ~ 3 层淤泥质粉质黏土薄层或透镜体；上下两段之间有分布不连续的东深井组淤泥质黏土相隔，二者水力联系密切，构成统一含水系统，厚度 20 ~ 45 m。上覆上更新统哈尔滨组黄土状粉质黏土（厚度一般 7 ~ 30 m）及中更新统上荒山组粉质黏土（厚度 3 ~ 38 m）；水位埋深 11 ~ 35 m。导水系数一般在 1 000 m^2/d 以上，富水性好。水化学类型一般为 HCO_3—Ca、HCO_3—Ca-Na 或 HCO_3—Ca-Mg 型水，矿化度小于 1 g/L，铁离子含量 1 ~ 5 mg/L。

2．地下水补给、径流、排泄条件

河谷漫滩区的砂-砂砾石、砾卵石含水层埋藏浅，黏性土覆盖层薄，局部砂或砂砾石裸露地表，易于接受降水和洪水期入渗补给；也可接受来自邻区的侧向径流补给；另外水田、鱼池和渠道等人工水体的入渗都是其补给来源。其排泄主要是人工开采、向江河的侧向径流排泄以及蒸发。

阶地区含砾中粗砂含水层，主要接受经过上覆黄土状粉质黏土的降水入渗和高平原的侧向径流补给，并向河谷漫滩区地下水渗透径流。天然条件下主要为侧向径流排泄，人工开采也是主要排泄通道。

高平原区评价区外围含水层的侧向径流补给为地下水主要补给来源，另外黄土状土中存在大孔隙垂直节理，赋存上层滞水或潜水，并可能在静水压力作用下补给下部砂砾石层孔隙弱承压水。该区地下水渗透径流条件较好，径流方向一般都是由南向北，多以人工开采的形式排泄或经一级阶地向漫滩区排泄。

3．地下水动态特征

本区地下水位动态主要受水文、气象及人工开采等因素的影响。各类型地下水由于所处的地貌单元不同、影响因素不同，其动态变化也显示出一定的差异。地下水动态类型主要有水文型、降水渗入-径流型两种类型。

（1）水文型。

主要分布在漫滩区。降水及河水对地下水影响最大。由于表层黏性土很薄，个别地段砂层裸露地表，容易接受降水入渗及河水侧渗补给。地下水位每年的 4 月份最低，为枯水期。5 月份后，冰雪融化很快渗入地下补给地下水，造成地下水位小幅度升高，因为融化水量有限，所以地下水位回升高度亦有限，在较短时间内完成，使地下水位在 5 月下旬又出现一次小幅度下降，下降时间很短。进入 6 月份，随着降水的增多，地下水位开始上升。7 ~ 8 月进入汛期，地下水位出现快速上升，并达到最高水位，形成丰水期。9 月份后地下水位缓慢下降至翌年。地下水位年变幅 1.0 ~ 1.5 m。

（2）降水渗入-径流型。

分布于高平原及河流阶地一带。地下水位动态变化与大气降水关系密切，年内水位变化多具一峰一谷特征，且地下水升高时间与雨季时间基本一致，只是在时间上有滞后现象。地下水位变化规律一般在每年 5 月末 6 月初水位最低，随着降水量增多，地下水位缓慢上升，至 9 月初或 9 月中旬达到水位最高值，此后地下水位缓慢下降至翌年。曲线形态多为单峰型，个别点为双峰型，地下水位变幅一般为 1.0 ~ 2.0 m。

1.9.3 地下水资源量分析

1. 地下水资源补给量计算公式选择

论证区补给量主要有：大气降水入渗补给量、地下水侧向径流补给量。

（1）降水入渗补给量（$Q_{降}$）：采用降水入渗系数法计算，计算公式为

$$Q_{降}=F\cdot\alpha\cdot X \tag{1.9-1}$$

式中 $Q_{降}$——多年平均降水入渗补给量，m^3/a；

F——降水入渗计算面积；

α——多年平均降水入渗系数，漫滩取 0.22，阶地取 0.13；

X——多年平均降水量，哈尔滨 545 mm。

（2）地下水侧向径流补给量（$Q_{径}$）：按达西公式计算，计算公式为

$$Q_{径}=T\cdot I\cdot B\cdot t \tag{1.9-2}$$

式中 $Q_{径}$——地下水侧向径流补给量，m^3/d；

T——含水层导水系数，互阻抽水试验计算结果取 381.10 m^2/d；

I——地下水水力坡度，依据水位等值线图量得，为 0.001 3；

B——计算断面长度，图上量得，为 8 000 m；

t——地下水径流补给时间，365 d。

2. 补给量计算结果

（1）降水入渗补给量按公式（1.9-1）计算，计算成果见表 1.16。

表 1.16 降水入渗补给量计算成果表

计算面积（F）		降水量（X）	降水入渗系数（α）	降水入渗量($Q_{降}$)	
10^6 m^2		mm		10^4 m^3/a	m^3/d
阶地	57.77	545	0.13	409.30	11 213.71
漫滩	2.23		0.22	26.74	732.54
合　计				436.04	11 946.25

（2）侧向径流补给量。

按公式（1.9-2）计算：

$$Q_{径}=381.10\ m^2/d\times0.001\ 3\times8\ 000\ m=3\ 963.44\ m^3/d$$

（3）全区总补给总量。

$$Q_{补}=Q_{降}+Q_{径}=11\ 946.25\ m^3/d+3\ 963.44\ m^3/d=15\ 909.69\ m^3/d$$

全区总补给总量为 15 909.69 m^3/d。

1.9.4 地下水可开采量计算

根据工作区水文地质条件及苗圃需水量 736 m^3/d 的要求，根据开采井位置及原有农用井

HM06 和 HM09 的互阻抽水试验结果，两井互阻距离为 125 m，影响半径取平均值的 2 倍 444 m，采用干扰井群法（表 1.17）进行可开采量计算，开采井见图 1.14，典型柱状图见图 1.15。

表 1.17　干扰井群法可靠性检查

井号	非干扰流量	降深	影响值 $\sum t$		有效影响值 $\sum t'$	计算干扰流量	实测干扰流量	误差/%
			S_1	S_2				
HM06	1 406.00	4.54		0.27	0.254 8	1 327.08	1 358.71	−1.22
HM09	1 332.42	4.26	0.36		0.331 9	1 228.60	1 234.26	−0.22
合　计						2 555.67	2 592.97	−1.44

1#
2#
3#
4#
5#
6#
7#
8#
9#
10#
11#
12#
13#
HM06
HM09
项目区界线
13# 设计井位
HM09 互阻抽水井位

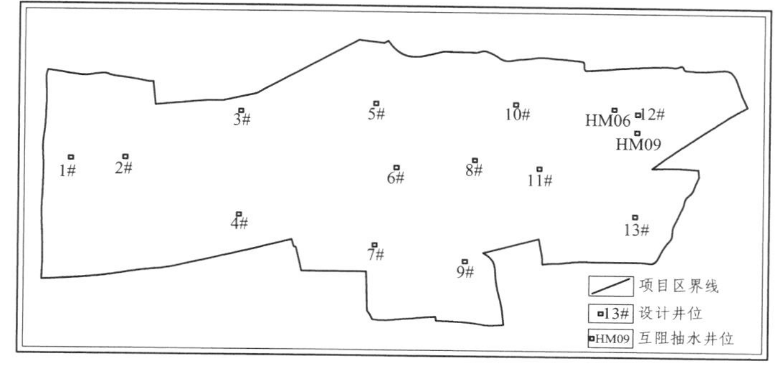

图 1.14　开采井布置图

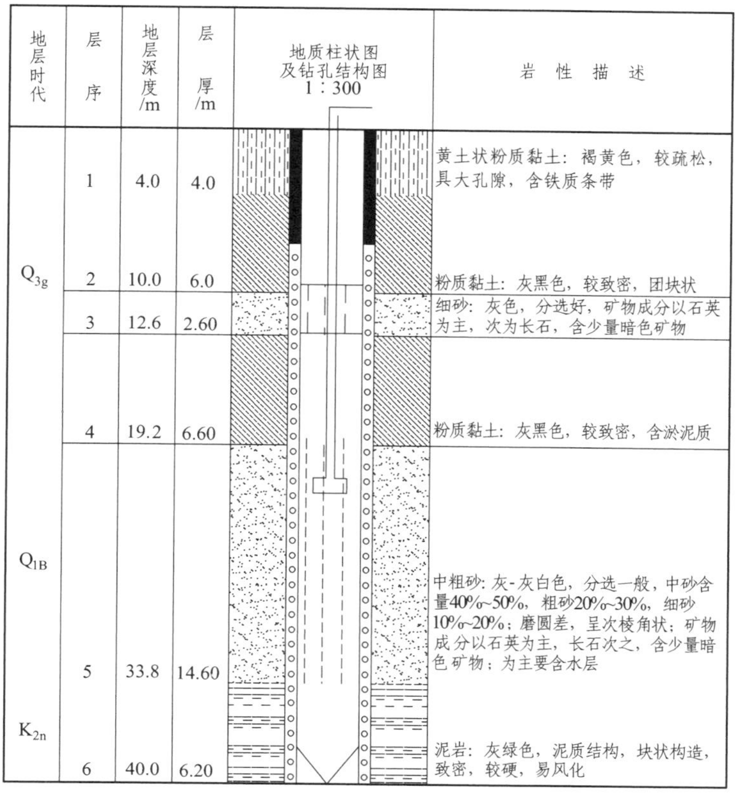

地层时代
层序
地层深度/m
层厚/m
地质柱状图及钻孔结构图 1∶300
岩性描述
Q_{3g}
1　4.0　4.0
黄土状粉质黏土：褐黄色，较疏松，具大孔隙，含铁质条带
2　10.0　6.0
粉质黏土：灰黑色，较致密，团块状
3　12.6　2.60
细砂：灰色，分选好，矿物成分以石英为主，次为长石，含少量暗色矿物
4　19.2　6.60
粉质黏土：灰黑色，较致密，含淤泥质
Q_{1B}
5　33.8　14.60
中粗砂：灰-灰白色，分选一般，中砂含量40%~50%，粗砂20%~30%，细砂10%~20%；磨圆差，呈次棱角状；矿物成分以石英为主，长石次之，含少量暗色矿物；为主要含水层
K_{2n}
6　40.0　6.20
泥岩：灰绿色，泥质结构，块状构造，致密，较硬，易风化

图 1.15　典型开采井柱状图

利用稳定流干扰井群法确定各井开采量。

计算公式：

$$S=\frac{1}{2\pi T}\sum_{i=1}^{n}\left(Q_i\ln\frac{R}{r_i}\right) \tag{1.9-3}$$

式中 R——影响半径，根据 HM06 和 HM09 的互阻抽水试验结果，计算得到影响半径平均值 222 m，比实际值小，参考 1∶20 万调查报告，取其平均值的 2 倍 444 m 作为影响半径；

Q_i——i 号井的干扰开采量，m^3/d；

r_i——i 号井至计算井的距离，m；

n——井数；

s——抽水井降深值，取 HM06 和 HM09 抽水试验结果的均值 4.4 m；

T——导水系数，HM06 和 HM09 抽水试验结果的均值 380.10 m^2/d。

计算结果见表 1.18：

表 1.18 开采量计算成果表

井号	开采量/$m^3\cdot d^{-1}$	井号	开采量/$m^3\cdot d^{-1}$
1#	55.04	8#	53.74
2#	55.04	9#	56.72
3#	57.00	10#	54.64
4#	57.00	11#	54.29
5#	55.72	12#	57.00
6#	54.36	13#	57.00
7#	55.94	总计	723.49

因此，削减后可开采量 $Q_{可}=723.49\times(1-1.44\%)=713.07\ m^3/d$。

1.10 工程实例

1.10.1 水库库区塌滑、浸没问题简例分析

1.10.1.1 五马水库工程地质问题分析

1. 地质概况

五马水库位于旧县河干流的下游、库尾至上游贤腰村附近。河床两岸大部分基岩裸露，冲沟较为发育。左岸地面高程 659 ~ 789 m，右岸地面高程 646 ~ 774 m，两岸边坡自然坡角 30° ~ 55°，并发育数条北东走向的冲沟，但延伸较短。河流总体流向由 NE 转向 SE，河底高程 63 ~ 690 m，河流纵坡约 0.1%，为基岩河谷，属侵蚀构造为主的低山区。

旧县河河谷发育有两级阶地，Ⅰ级阶地属堆积阶地，发育于河流凸岸，主要分布于 F1 断层在库区与河流交汇处河流左岸及贤腰村附近河流右岸，阶面高出河床 3 ~ 6 m，阶面宽 30 ~ 120 m。Ⅱ级阶地为基座阶地，在库区广泛分布于河流凸岸的山梁缓坡处，基座高出河床 3 ~ 7 m，阶地面宽度 18 ~ 328 m 不等。

2. 地层岩性

库区出露的地层有二叠系上统上石盒子组（P_2s）、石千峰组（P_2sh），三叠系下统刘家沟组（T_1l）及第四系（Q_4）。地层岩性由老至新如下：

（1）上统上石盒子组（P_2s）：岩性为灰绿色、紫红色厚层砂岩，杂色砂质页岩，底部为浅黄、灰黄绿、暗紫灰色砂质泥岩、泥岩夹黄绿色厚层含砾粗粒砂岩，中细粒石英砂岩。该地层分布于库尾右岸老鼠凹东北侧，出露厚度 75 m。

（2）上统石千峰组（P_2sh）：岩性以黄绿、灰绿色厚层细至粗粒长石砂岩与紫红色泥岩互层为主。上部主要为紫红色、砖红色泥岩，夹紫色细粒长石砂岩、灰岩；下部为黄绿色含砾中粗粒砂岩，局部夹砾岩。该地层分布于库尾右岸，出露厚度 60 ~ 90 m。

（3）三叠系下统刘家沟组（T_1l）：岩性为灰红色、灰紫红色中至薄层细粒长石砂岩，夹数层灰紫红色砾岩及多层薄层状紫红色泥岩、粉砂质泥岩、泥质粉砂岩、泥岩。其中砾岩砂球发育，薄层泥岩分布极不稳定，有相变现象。地貌上砂岩呈陡坎状，泥岩多呈缓坡状。该地层分布于坝址区及大坝下游五马村东南部一带，五马水库枢纽工程均位于该地层中，出露厚 100 ~ 180 m。

（4）三叠系下统和尚沟组（T_1h）：下部为砖红色粉砂岩至暗紫红色厚层细粒长石砂岩；中部为砖红色泥岩；上部为暗紫红色厚层细粒长石砂岩。该地层分布于库区左岸及右岸中下游，厚度 193 m。

（5）中更新统洪积层（Q_2pl）：上部为淡红色低液限黏土，结构稍密，黏粒含量较多，干后土质较硬，发育水平层理，含植物根系及零星钙质结核，下部发育约 2.0 m 厚的卵石混合土层。全层厚 0 ~ 20 m。

（6）上更新统洪冲积层（Q_3pal）：上部为淡黄色低液限粉土，土质疏松，具有大孔隙。下部为卵石混合土层夹级配不良砂，其结构较松散，分选较差，磨圆较好，成分主要为长石砂岩。全层厚 0 ~ 10 m，分布于河流Ⅱ级基座阶地上。

（7）全新统洪冲积层（Q_4pal）：上部为淡黄色低液限粉土，其结构松散，具有孔隙，厚 2 ~ 5 m。下部为卵石混合土层，结构松散，磨圆度较好，成分主要为长石砂岩、长石石英砂岩。该层厚 0.5 ~ 3 m，呈二元结构，总厚度 2.5 ~ 8 m，分布于河床、河漫滩及Ⅰ级阶地。

3. 地质构造

库区的总体构造线为 NNE 及 NNW 向，主要构造形迹为平缓短轴褶曲，两翼岩层倾角一般为 4° ~ 12°，最大 15°。距大坝上游约 1 km 处发育一背斜，背斜轴向为 N9°W，坝址位于该背斜的南西翼，岩层总体倾向 SW，倾角一般为 4° ~ 12°。库区发育两条断层：F_1 正断层，断面走向 N35° ~ 50°E，倾向 SE，倾角 68° ~ 81°，断距 10 ~ 15 m，断层破碎带宽 1.5 ~ 2.0 m，断层影响带 5 ~ 7 m，向下游南西方向延伸长度约 1 km；F_2 正断层，断距 10 m，断面走向 N55° ~ 60°E，倾向 SE，倾角 64° ~ 75°，断层破碎带宽约 2.0 m。岩体中主要发育走向 N28° ~ 57°E，N30° ~ 68°W 两组节理裂隙。

4. 水文地质

库区地下水类型有松散岩类孔隙水和碎屑岩类裂隙水。松散岩类孔隙水含水层主要为第四系地层中的卵石混合土层、砂层。补给来源主要为大气降水，水位随季节及河水位的变化而变动，埋深 1 ~ 5 m。松散岩类孔隙水主要分布于旧县河河漫滩。碎屑岩类裂隙水含水岩组由二叠、三叠系地层组成，构成该类含水岩组的主要含水层为砂岩，大气降水垂直渗入为其主要补给源。砂岩富水程度的大小受岩石裂隙发育程度及组成颗粒大小影响较大。泥岩、粉砂质泥岩为相对隔水层，各含水岩组间垂向水力联系较差，常具有层间水的特征，使得水平向渗透性大于垂直渗透性。当下伏砂岩裂隙减弱或遇泥岩、页岩隔水时，往往沿裂隙减弱带或沿砂岩与泥岩接触面在适当部位泄流成泉，形成碎屑岩地区多泉水的特点。

5. 影响库区水土保持的主要工程地质问题

（1）土质边坡。

库区土质岸坡分布于库区凸岸及库尾，岩性主要为第四系中更新统洪积（Q_2pl）低液限黏土，局部夹钙质结核。在库区右岸上游距大坝 300 m 处发育一较大冲沟，沟内地表覆盖第四系中更新统低液限黏土及低液限粉土层。根据竖井资料，冲沟上部覆盖层厚 3 ~ 5 m，向库区方向覆盖层逐渐增厚，厚度 8 ~ 10 m，基岩面高程 668 ~ 682.5 m，低于水库正常蓄水位。土层抗冲刷能力较差，存在坍岸问题。但该土质岸坡坍岸影响范围内无村庄和工矿企业，主要影响为坍岸造成的固体物质使水库部分地段淤积而侵占库容。

（2）岩质边坡。

库区河流为山区峡谷型河流，总体流向为 N60°W。库区大部分地段基岩裸露，岸坡较陡。库区左岸基岩岸坡自然岸坡在 10° ~ 60°，岸坡多倾向 NE，与岩层倾向相反，为逆向岸坡，岩体总体较为稳定，未发现不稳定岩体存在。库区右岸岸坡大部分为岩质岸坡，自然坡角在 20° ~ 65°，一般上缓下陡，接近河面部位多呈直立状，陡立面高 5 ~ 20 m。岸坡坡向 SW，与岩层倾向大致相同，为顺向岸坡，坡角大于倾角。局部地段节理裂隙发育，由裂隙与岩层组合将局部岩体切割成块状，在水库正常蓄水运行后，可能产生局部坡失稳，产生小规模的塌滑，但不会对水库正常运行产生较大影响。

（3）水库淹没与浸没。

① 水库淹没。

水库正常蓄水位 682.5 m，回水长度 3.75 km。五马村和贤腰村的部分耕地将被淹没，但耕地淹没面积均不大，不存在被淹没的村庄建筑。

② 水库浸没。

根据水库正常蓄水位以及河谷库尾处地形、地层岩性等调查分析，水库主要浸没区位于库尾的贤腰村一带。贤腰村最低房屋分布高程为 685 ~ 692 m。水库正常蓄水后可能存在浸没问题。

浸没地下水临界埋深按照下式计算：

$$H_{CR} = H_K + \Delta H \tag{1.10-1}$$

式中 H_{CR}——浸没地下水临界埋深，m；

H_K——土壤毛细水最大上升高度，m；

ΔH——安全超高值。

据实地观测，毛细水最大上升高度 1 m 左右，农业区取 0.5 m，居民区取 1.5 m。浸没地下水临界埋深：农田为 1.5 m，房屋为 2.5 m。

淤积末端上延系数ε取 1.04，上延高度$\Delta h = H(\varepsilon - 1) = 1.96$ m（式中 H 为蓄水深度，取 49 m），故末端上延高程为 684.46 m。

地下水壅高值按照下式计算：

$$y_n = \sqrt{h_n^2 + y^2 - h^2} \tag{1.10-2}$$

式中　h，h_n——水库蓄水前在起始断面及断面 n 处的含水层厚度，m；

y，y_n——地下水壅高后在起始断面及断面 n 处的含水层厚度，m。

浸没临界高程按以下原则确定：

农田：预测的地下水壅高水位向上平移 1.5 m 后与地形线交点处的地面高程就是农田的浸没临界高程；房屋：预测的地下水壅高水位向上平移 2.5 m 后与地形线交点处的地面高程就是房屋的浸没临界高程。

受地形、地质结构、地下水位等因素的影响，库尾浸没区各处的浸没临界高程有一定的差异，当地面高程低于 686.2 m 时，农田将遭受浸没影响，当地面高程低于 687.2 m 时，房屋将遭受浸没影响。按房屋地下水浸没临界高程圈定主要浸没区的范围，浸没区总面积约 0.08 km^2，包括贤腰村位于河岸的农田和部分房屋。

1.10.1.2　龙开口水电站右岸变形体边坡稳定分析及加固

1．概　述

龙开口水电站位于云南省鹤庆县中江乡境内的金沙江中游河段上，系金沙江中游河段 8 个梯级电站的第 6 级，上接金安桥水电站，下邻鲁地拉水电站。挡水建筑物为混凝土重力坝，最大坝高 119 m，水库正常蓄水位 1 298.0 m，死水位 1 290 m，总库容 5.44×10^8 m^3，调节库容 1.13×10^8 m^3，电站装机容量 1 800 MW，为大（Ⅰ）型工程。

变形体边坡位于大坝的右岸，长度约 800 m，上、下游边界距坝轴线均约为 400 m，分布高程 1 350 ~ 1 550 m，水平厚度 50 ~ 100 m，近 750×10^4 m^3。其稳定性对枢纽的主体建筑物有重要的影响。

2．变形体的地质特征

（1）地形地貌特征。

右岸山体总体表现为台地斜坡相间的地貌，高程 1 550 ~ 1 585 m 以上为较平缓的台地，整体坡面向 NE 延伸，倾向 SE（即向下游偏左岸倾斜），坡度为 10° ~ 17°，部分约为 5°，现分布有忠义村及大片的耕地。高程 1 550 ~ 1 585 m 以下至 1 265 m 高程之间为斜坡地段，自上游向下游发育主要有龙潭沟、大板沟、涧漕沟及水阱沟等，其间包含变形体 A、B 区和 C 区及风化破碎区。A 区位于右岸坝头，其稳定性对工程安全的影响最大。本文主要介绍 A 区边坡的稳定性分析及加固方案。

（2）变形体结构特征。

A 区变形体处于水板沟—涧漕沟之间，上界面高程整体在 1 548 m 附近，前缘边界 1 350 m

左右，长为 430 ~ 540 m，宽为 233 ~ 270 m。根据变形的特征和程度不同划分为 AⅠ、AⅡ区和强变形体区，AⅠ区岩体破碎；以碎块状散体结构为主，裂隙张开并发生向下蠕滑错动。AⅡ区似板状岩体卸荷张开，倾倒变形形成强卸荷倾倒岩体，但未发生剪切蠕滑变形。AⅠ区与 AⅡ区之间存在明显的剪切带。变形体内发育凝灰岩夹层 $t_3 \sim t_9$ 等，呈紫红—暗紫红色，岩质较软，易干裂，风化软化，厚 1.0 ~ 6.4 m，呈全微风化状，全风化岩体呈可塑状，走向 NE，缓倾向 SE，即倾下游偏坡。强变形体区分布于水板沟下游侧，上部为崩坡积的覆盖层，结构松散；下部滑体为全强风化玄武岩夹凝灰岩，土夹碎石（泥包砾）和碎块石夹土相间分布，且以泥包砾层为主。

（3）水文地质条件。

地下水位观测统计发现，右岸山体的地下水位变化大，干旱季节地下水位埋深大。雨季地下水位埋深浅，水位相差达 21.7 m。变形山体的透水性大，持续暴雨时，变形体平硐内产生大量的线状滴水或细流。在持续降雨期间变形体 A 区新近开挖的交通马道边坡均有较大规模的崩塌发生，说明持续性大雨、暴雨对变形体的稳定影响较大。

3. 边坡稳定性分析

（1）边坡失稳模式研究。

通过采用赤平投影 FLAC 软件，对变形体的边坡潜在的失稳模式进行分析研究表明，A 区的潜在整体失稳模式为沿 AⅠ区后缘剪切面与缓倾角的凝灰岩夹层组合滑动。图 1.16 为采用 FLAC 程序的强度折减分析得到的坝轴线剖面临界稳定状态时的水平位移云图。从图 1.16 可发现，在 AⅠ区后缘剪切面和凝灰岩夹层处有明显的突变，可见破坏模式受凝灰岩夹层和后缘剪切面控制。

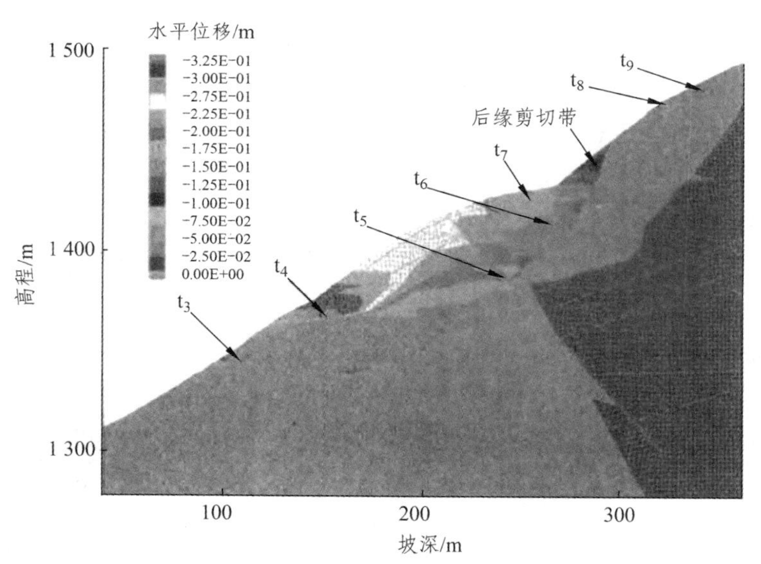

图 1.16 坝轴线水平位移云图

（2）天然边坡稳定性极限平衡分析。

① 边坡等级划分。

根据 DL/T 5353—2006《水电水利工程边坡设计规范》，不同等级的边坡需采用不同的设计标准。根据变形体区与主要建筑物的关系，并根据不连续变形分析法（DDA）得出的边坡失稳后可能的堆积状态及涌浪风险的结果，对变形体边坡进行了分级，拟定相应的设计标准。A 区坝头部分为Ⅰ级枢纽区边坡；A 区上游区为Ⅰ级水库边坡。

② 极限平衡分析方法。

对于各个变形体分区，选取了多个剖面。采用摩根斯坦-普莱斯法（Morgenstern-Price）和边坡稳定极限分析能量法（EMU 程序）进行了分析。

Morgenstem-Price 中每个岩土条和整个滑动体都要满足力和力矩平衡条件。该方法可应用于复合型滑面，且计算精度较高，被称为严格条分法。EMU 法是应用虚功原理建立的边坡稳定性分析方法，采用条分法建立平衡方程时，假定条块底部和条间接触面都发生塑性破坏，该方法可以模拟折线或曲线滑裂面。

③ 计算荷载。

荷载可以分为基本荷载和偶然荷载。基本荷载包括岩体自重和孔隙水压力；偶然荷载为地震荷载。暴雨条件下，根据地下水位观测成果和类似工程经验，计算时孔压系数取 0.1。工程场地地震基本烈度为Ⅷ度，洞槽沟—水板沟之间边坡为右岸坝头及上游近坝库岸边坡。变形区边坡失事对主体建筑物大坝及工程安全运行有重要影响，为Ⅰ级边坡，工程抗震设防类别为乙类。地震加速度代表值按基准期 50 年内超越概率 0.05%为 0.24g。

④ 分析成果。

- Morgenstem-Price 方法计算成果表明，自然边坡在天然状况下，AⅠ区后缘与 t_3、t_4、t_7 组合滑动的安全系数小于 1.25，但都大于 1.20，边坡整体稳定，8 度地震工况边坡的安全系数满足规范要求；暴雨工况下，AⅠ区后缘与 t_3、t_4、t_5、t_7 组合滑动的安全系数偏低（安全系数在 1.06 ~ 1.10），安全储备不能满足规范要求。EMU 程序计算的安全系数略高，但 AⅠ区后缘剪切带与 t_3、t_4 组合滑动的安全系数也小于规范要求。鉴于该区边坡失稳对主体建筑物的影响以及坝肩边坡开挖可能对其稳定带来的不利影响，需采取适宜的、稳妥的工程措施以提高其整体稳定性。
- 上游区（包括强变形体）自然边坡各工况下的安全系数都满足规范对Ⅰ级水库边坡的要求，鉴于该区边坡距离枢纽建筑物较近，应在施工期及运行期加强监测，并做好坡体表面截排水设施。

4. 加固方案

坝头区研究了以开挖减载为主和以锚索抗滑桩为主两种综合处理方案。通过比较分析得出，两种方案的投资差别不大，抗滑桩方案对边坡的扰动小，对其他分项工程的施工干扰小，且有利于环境保护。因此，推荐了以锚索抗滑桩为主，边坡地下排水和地表截排水为辅的综合处理方案。

针对 AⅠ区后缘与 t_3、t_4 凝灰岩夹层组合滑动模式，抗滑桩布置于凝灰岩夹层 t_4 高程之上，嵌入 t_3 下部弱风化岩体 15 m 左右，抗滑桩入岩总长 40 ~ 45 m。采用 10 m 悬臂加大桩体对 t_4 以上岩体作用面积。抗滑桩截面 4 m×5 m，中心间距 10 m，共布置 11 根，并设计连系梁以增强其整体性。为改善桩体结构的受力，在每根抗滑桩内布置 2 000 kN 级预应力锚索 4 根，长度约 60 m。锚固于弱风化岩体内。

共布置 4 层排水洞。主洞布置于未变形岩体内，沿主洞间隔 20 m 布置 1 条支洞穿过

A Ⅰ区后缘剪切带。排水洞采用混凝土衬砌，衬后断面尺寸为2.5 m×3 m，城门洞形。排水洞（含支洞）洞顶布置排水孔，穿透紧邻洞顶的凝灰岩夹层，形成排水幕，排水孔间距2～3 m。

在变形体区的上边界上部布置1道截水沟，将变形体边坡上部来水引至水阱沟。抗滑桩与变形体上部边界之间，布置坡面截水沟3道。在坝头区的上、下游边界，利用自然冲沟修建汇水渠，将水引至水库或大坝下游。

边坡经以锚索抗滑桩为主的方案处理后，典型滑动模式的安全系数都满足设计要求。

1.10.2 坝基处理分析

瀑布沟水电站大坝坐落在最大深度达77.9 m的覆盖层上。由于坝基覆盖层深厚、结构层次复杂、变形不均一、透水性强，坝基处理和基础防渗难度大。为此，在河床覆盖层中设计了混凝土防渗墙，以控制坝基渗漏和渗透变形。同时，对坝基采取了开挖与灌浆等处理措施。

1.10.2.1 河床坝基处理设计

1. 坝址地形地质条件

在瀑布沟水电站坝址区，大渡河由北向南急转东流，形成向右岸凸出的河湾，河谷深切，岸坡陡峻，山体雄厚，为典型“V”形峡谷地貌。

坝址右岸岸坡主要为浅变质玄武岩，小断层及构造裂隙发育，有不同程度的蚀变，岩体完整性较差；坝址左岸山体为花岗岩，岩体坚硬、完整。

坝址区河床覆盖层多为架空结构，孔隙比一般为0.19～0.37，平均为0.28。其地层分布由下向上分别为：漂卵石层（Q_3^2）、卵砾石层（Q_4^{1-1}）、含漂卵石层夹砂层透镜体（Q_4^{1-2}）和漂（块）卵石层（Q_4^2）。

2. 坝基主要工程地质问题

（1）坝基变形。河床覆盖层层次结构复杂，夹有多层砂层透镜体，各层厚度不一，物理力学性质差异，对坝体、心墙及防渗墙的应力分布及变形带来不利影响。

（2）渗漏和渗透稳定。河床覆盖层颗粒粗、孤石多、局部架空明显、渗透性强、抗渗透破坏能力低、存在接触冲刷和管涌破坏。

（3）砂层液化。河床覆盖层所夹砂层透镜体多顺河流方向分布于近岸部位，厚度一般小于2 m，最厚可达13 m左右。砂层透镜体主要分布于第③层（Q_4^{1-1}）底部，坝轴线上下游均有分布，同时在左岸近岸部位的漂卵石层中也分布有砂层透镜体，遇地震时可能会产生砂层液化问题。

3. 坝基覆盖层防渗布置

瀑布沟水电站大坝坝高186 m，坝顶长540 m，上游坝坡分别为1：2和1：2.25，下游坝坡1：1.8。坝基设计高程670 m，坝顶宽14 m。

为了解决坝基覆盖层防渗问题，在覆盖层内设置了两道各厚1.2 m的混凝土防渗墙，墙中心间距14 m，墙底嵌入基岩1.5 m。防渗墙分为主、副防渗墙。主防渗墙位于坝轴线上，墙顶与灌浆和观测廊道连接，墙下设置帷幕灌浆防渗，主防渗墙与心墙及基岩防渗帷幕共同组成完整的防渗体系；副墙位于主墙上游侧，墙顶插入心墙内部 10 m。

为了防止坝体开裂，在心墙与两岸基岩接触面上水平铺设厚 3 m 的高塑性黏土，在防渗墙和廊道周围铺设厚度不小于 3 m 的高塑性黏土。

4. 坝基开挖与处理技术要求

（1）防渗心墙区域。为了减少心墙区坝基的不均匀变形，需要清除心墙断面范围内低强度、高压缩性软土及地震时易液化的土层。处理措施是开挖至高程 665 ~ 667 m，用过渡料掺和 B5 反滤料加干水泥回填至坝基设计高程 670 m。

对心墙范围内进行 10 m 深固结灌浆，固结灌浆时预留厚度 3 m 的压重体，灌浆施工结束后再开挖至 670 m 高程。

为使坝体防渗墙与岸坡紧密结合，防止发生不均匀沉陷而导致心墙防渗体产生裂缝，清除左、右岸坝肩部位心墙及反滤层基础的覆盖层和强风化岩体，严格控制开挖面的平整度。开挖完成后在心墙范围内两岸边坡基岩上浇筑厚 0.5 m 的垫层混凝土，对垫层下基岩进行固结灌浆，并在帷幕线实施帷幕灌浆处理。

（2）上下游堆石体区域。对于河床段的覆盖层区域，平均挖除覆盖层基础 2 ~ 3 m，开挖施工尽量在坝体填筑开始时进行，否则应设不小于 1 m 的保护层。开挖施工完成后应清除表层的杂物、淤泥层、砂层，并在坝体填筑前对清理后的坝基进行压实。

对于两岸岸坡的坝体基础表面所有树木、树根、草皮、蛮石、凹处的积土、突出的岩石、垃圾等要清理干净。建基面上不得有反坡、倒悬坡、陡坎尖角，地质结构面上的泥土、锈斑、钙膜、破碎和松动岩块以及不符合要求的岩体等均必须清除或处理。

1.10.2.2　基河床段开挖与处理

1. 基本情况

河床段高程 670 m 地基开挖面积近 12×10^4 m^2，开挖最大相对高差达 14 m，开挖深度一般为 3 ~ 5 m。开挖与处理施工分心墙区、堆石区 2 个区域进行。

2. 心墙区坝基开挖与处理

心墙区坝基建基面高程 670 m，两岸以基岩坡脚为界，平面几何形状近似平行四边形，面积约 2×10^4 m^2。

（1）覆盖层固结灌浆。防渗墙施工结束后，随即对心墙区覆盖层进行固结灌浆处理。灌浆孔的孔排距为 3 m×3 m，呈梅花形布置，最大灌浆压力 0.8 MPa。固结灌浆按先边排、后中排分序加密的原则进行。由于心墙覆盖层中普遍分布有孤石和架空结构，可灌性强，但成孔困难。为此在施工过程中分别采用了 3 种不同的钻灌方法，即循环钻灌法、套管灌浆法和预埋花管法。

灌浆过程中，大部分孔段耗浆量均较大，地面冒浆、串浆现象普遍。为保证灌浆质量，对施工中出现的大耗浆孔段和冒浆、串浆孔段，采取了相应的技术手段进行了处理。最终完成灌浆孔 2 425 个，灌浆工程量 23 257 m，水泥灌注量 30 422 t。覆盖层固结灌浆结束后，经压水试验和声波测试检测，已灌区的声波波速满足不低于 2 000 m/s 的设计要求。

（2）坝基覆盖层开挖。灌浆结束后，对表层 3 m 厚用于灌浆盖重的松散卵砾石层予以挖除，对其中的孤石进行爆破解小处理，整平后碾压。高程 676 m 的防渗墙施工平台全部开挖到设计建基面高程，并进行必要的平整处理，控制起伏差不大于 0.5 m。

对河床心墙区靠左侧出露的粉细砂层，先后采取了振冲碎石桩、固结灌浆以及局部开挖等措施进行处理。

对河床高程 670 m 与左岸衔接部位出现的凹槽、倒坡及花岗岩强风化夹层、全风化槽、山体崩塌碎块石土等不良地质部位进行开挖掏槽、高压水冲洗处理，并采用 C20 混凝土进行回填，以保证基础平顺。

为减少岩质边坡与松软覆盖层之间的不均匀沉降，对右岸心墙区伸入河床部位的玄武岩岩体进行了削坡处理，使河床心墙区与岸坡平顺连接。河床段灌浆和观测廊道与下游防渗墙顶部相连接，廊道底宽 4.2 m，与 1.2 m 宽的防渗墙之间采用一段“倒梯形”的钢筋混凝土结构刚性连接。由于河床基础覆盖层中含有较大的孤石，按原设计尺寸开挖较为困难，为此将廊道基础开挖断面加宽至 6 m，加宽部分采用 C10 混凝土回填，由于坝轴线以左近 2/3 的区域以砂砾石为主，为此将砂砾料全部挖除处理，用过渡料掺水泥干粉置换并采用 20 t 自行式振动碾碾压 6 ~ 8 遍。

（3）心墙区的不良地质处理。心墙区的不良地质处理主要是左岸心墙区砂层开挖与处理。受河流横向环流影响，河床左侧高程 674.5 m 距岸坡坡脚 30 ~ 50 m、坝轴线下游近 110 m 范围内沉积了粉细砂层，分布面积约 4 000 m^2，厚度 7 m 以上。由于粉细砂层承载力低、压缩性大，易产生震动液化，可能导致产生管涌、流砂、渗透变形等多种形式的破坏，对大坝安全稳定不利，因此必须对其进行加固处理。

最初拟定的处理方案是采用振冲碎石桩对其进行加固，并进行了振冲碎石桩试验。试验成果表明振冲效果并不显著，且工效较低。同时还对该砂层进行了地基承载力试验及标贯试验，结果表明灌浆后的覆盖层满足地基承载力大于 0.4 MPa、变形模量大于 35 MPa 的设计要求。

为了避免大坝建成后在地震工况下砂层产生液化，最后决定挖除砂层至砂砾石层，最终开挖至高程 667 m，低于设计建基面约 3 m。开挖完成后分层进行了碾压回填。回填材料采用掺 5%水泥干粉的过渡料，分层厚度 0.5 ~ 1.0 m，碾压 8 遍，经检测回填部位相对密度为 0.8，同时对该部位再次采取固结灌浆补强处理，共完成 201 个固结灌浆孔施工。

3．堆石区坝基开挖与处理

为了满足大坝基础的设计要求，挖除了下游河床段坝基与弃渣压重区坝基分界部位的含漂（块）卵石层（Q_4^2）、上游左岸二级阶地（Q_3^2）、河流堆积形成的松散层、左右侧与两岸坡接触带因横向环流作用沉积的粉细砂层、河床架空孤石堆积体和伸向河床建基面的基岩。施工重点是右岸下游高程 684 m 平台、F_2 断层、左岸坡脚砂层的开挖处理。

（1）右岸下游高程 684 m 平台开挖与处理。右岸下游高程 684 m 平台具有高阶地、多岩性复合沉积的特征，即为含砂砾石的漂（块）石层与粉细砂层不等厚互层沉积。其中，含砂砾石的漂（块）石层分布范围较广且厚度大，沉积岩相较稳定，局部具有明显架空结构且具有强透水及压缩变形特性。局部漂块石层架空洞为直径 0.5 ~ 1.0 m 的蜂窝状孔穴，并充填砂层透镜体。为此，在坝轴线下游 270 ~ 340 m、高程 671 ~ 674 m 部位，沿建基面排水沟普遍有线状泉水渗出，目测渗流量达 30 ~ 60 L/s。由于粉细砂层在地下水作用下易产生流砂、液化及管涌等渗透破坏形式，为避免坝体产生不均匀沉降或渗流破坏，将该部位堆积的弃渣、崩坡积碎石、Q_4^2松散堆积层、粉细砂层及岸坡衔接部位的淤泥质砂层挖除至高程 670 m。在开挖形成的建基面上填铺反滤料至地下水位以上 0.5 m，并用 20 t 自行式振动碾碾压 8 遍。

（2）F_2断层开挖与处理。大坝下游高程 684 m 部位发育 F_2断层及其派生的多条小断层和构造挤压带。断层带构造岩多为糜棱角砾岩、鳞片岩或糜棱岩，并夹断层泥，构造岩具有岩性软弱、胶结性差等特点，因受水流淘蚀、冲刷作用，断层带沿走向交汇形成"树枝状"或"羽列状"沟槽及凹坑，深度为 0.5～1.0 m，内部充填堆积的碎石土、砂砾石层、粉细砂层及淤泥质粉土等疏松砂土及断层构造岩、破碎带等强透水性土体。

为满足坝基渗流稳定、不均匀沉降等要求，将 F_2断层上部松散土体开挖至基岩，清理干净并回填 C15 混凝土，找平至弱风化基岩面，对高于右岸河床建基面的弱风化岩体按 1∶0.75～1∶1 的坡比开挖并使其平顺连接，对局部陡于 1∶0.5 的岩质坡体进行了削坡处理。

（3）左岸坡脚砂层开挖处理。左岸河床边滩粉细砂层开挖足坝基开挖与处理的重点，开挖范围包括坝轴线以上 54～13 m 和坝轴线以下 134 m 至下游围堰边的条形边坡地带。其分布范围自左岸高程 671 m 岩质基础向河床中部延伸，宽度 8～12 m，坝轴线以下厚度为 1～1.51 m，坝轴线以上厚度为 3～5 m，最大厚度达 7 m 左右，与心墙区粉细砂层相连接形成两头较厚、中间较薄的分布特点。为使坝基基础岩性保持一致，减少左岸岩基与河床地层之间的不均匀沉降、渗透变形及粉细砂层的地震液化效应，将左岸边滩粉细砂层全部开挖至含漂（块）卵石层（下游局部）或砂砾石层。对坝轴线上游边滩的粉细砂层开挖后仍采用掺 5%水泥干粉过渡料进行置换回填，并碾压 8 遍；对基坑水位以下的深槽部位，采用抽水措施降低基坑水位，保证石料置换施工在干场地进行。

因基坑水位限制，对残留在基坑底部厚度 0.5 m 以下的砂层，采用抛填块石料或过渡料并碾压的方式处理。

4. 坝基防渗处理

为了解决覆盖层的防渗问题，在心墙区设置了两道混凝土防渗墙，下游防渗墙位于坝轴线处。上下游防渗墙轴线长度分别为 177.75 m，172.75 m，最大深度 82.85 m，成墙面积 16 420 m^2，防渗墙混凝土的设计强度均为 45 MPa。

防渗墙造孔采用钻凿法施工，Ⅰ期和Ⅱ期槽之间的槽段采用"钻凿法"和"接头管法"两种连接形式，典型槽段长度为 7.20 m，按照"三主两副"的原则进行布置。上、下游防渗墙下均设灌浆帷幕，最大灌浆深度分别为 30 m 和 65 m。

5. 河床坝基开挖与处理评价

大坝坝基持力层的范围内河床覆盖层总体以粗颗粒为骨架，尚有一定的抗变形能力和力学强度。另外，大坝底宽较大，且坝体为柔性结构，对地基变形的适应性较强。开挖后的坝基表面较为平整，为尽可能减少地基不均匀沉降变形对心墙及防渗墙的影响，对第④层（Q_2^4）表层靠岸坡断续分布的透镜状砂层及施工中所出露的砂层透镜体进行了开挖置换处理，对心墙地基进行了浅层固结灌浆，以改善基础应力状态。

对于坝基下砂层透镜体的液化问题，设计单位进行了三维动力计算分析，结果表明，当砂层透镜体遭遇地震时，在不考虑下游坝脚压重的条件下，所产生的孔隙水压力和动剪应力较小，液化可能性很小。为防止液化对大坝稳定的不利影响，在下游设置了坝脚压重区。

为解决基础防渗问题，在覆盖层内设置了双道混凝土防渗墙，基岩内设置了灌浆帷幕，全断面封闭了坝基覆盖层和基岩的渗漏通道。根据水库蓄水后的监测数据，上游防渗墙和帷幕共折减水头约 32%（帷幕深度 30 m），而下游防渗墙后的渗压计则与下游河床水位有着良好的相关关系，表明其防渗效果良好，达到了设计目的。

1.10.2.3 坝基坝肩段开挖与处理

1. 基本情况

两岸坡坝肩基础开挖与处理分心墙区、堆石区两个区域进行。心墙区岸坡基础开挖采用控制爆破技术，开挖后的坡面平顺，边坡岩体完整。堆石区岸坡基础仅清除了坡面植被、根系、杂物及松动岩体，对于突出的岩石尖角、陡坎进行局部削坡和回填处理。

2. 心墙区坝肩基础开挖

心墙区左坝肩岩体为中粗粒花岗岩，边坡岩体呈弱风化，自然边坡较陡，设计开挖坡比较大，且变坡频繁，开挖自上而下进行。

开挖施工中，对倒悬边坡及凹坑中的粉细砂层透镜体、构造带强风化夹层、强风化槽穴等不良地质岩体进行了清除。在高程 667 m 坡脚开挖形成宽度为 0.5 ~ 0.8 m 的岩基基础，使左坝肩混凝土板基础大部分直接坐落在弱风化花岗岩体上，满足了心墙区左坝肩高程 667 ~ 700 m 部位变坡处理设计要求。

心墙区右坝肩为浅变质玄武岩，自然边坡坡度相对较缓，设计开挖坡比也较缓，变坡少，顶部开挖断面较窄，形成心墙区左右坝肩基础不完全对称的混凝土面板基础。根据右坝肩边坡的实际地形，采用梯段控制爆破方法进行开挖，台阶高度控制在 10 ~ 15 m 范围内，局部缓坡采用手风钻人工削坡进行处理，开挖成型较好。

3. 堆石区坝肩基础开挖与处理

根据两岸边坡岩体性质、自然边坡特征、岩体风化及破碎程度的不同，堆石区岸坡基础分别采取不同的开挖方法与开挖坡比。

对无较大反坡、倒悬体或陡坡且总体平顺的岩质坡面，采取将坡面植被、根系、凹坑积土、全风化层及松动、悬挂危石挖除削坡或人工逐级清理坡面的方式进行处理。对岩质边坡上较大的倒悬边坡和伸入河床内的凸出岩体、断层切割残留岩体等均采用控制爆破进行削坡处理，局部进行了补坡处理。

两岸坝肩边坡坡面处理后基本平顺，无较大规模的不利块体组合。两岸心墙地基面设置了混凝土垫板，对板下地基按设计要求进行了固结灌浆，满足了大坝基础处理设计要求。

1.10.3 坝基渗漏分析

山西省泽城西安水电站（二期）工程地处山西省左权县境内的清漳河干流上，是一座多年调节水库，以发电为主，对下游八路军总部旧址麻田镇及其他村镇起防洪作用，并兼顾城市生活和工、农业供水及旅游等综合利用，为中型水利枢纽工程，总库容 $0.97\times10^8\ m^3$。

1.10.3.1　工程地质条件

1．地形地貌

西安水电站坝址位于左权县粟城镇下交漳村下游约 1.5 km 的清漳河干流上，河流在下交漳村上游流向 S15°E，在下交漳村处转为 S65°W，形成一较大的河湾，坝址选在顺直河段。河谷底宽 130.0 ~ 220.0 m，坝线处宽 160.0 m，主河床靠右岸，左岸发育河漫滩和一级堆积阶地；谷底地面高程 803.0 ~ 810.0 m，两岸山顶高程 949.0 m，相对高差约 140.0 m，两岸基岩裸露，左岸岸坡下部较陡，上部稍缓，坡度 40° ~ 60°；右岸下部陡立、上部稍缓，坡度 50° ~ 60°，河谷断面为“U”形。坝址上游约 200.0 m 处左右岸各发育一条冲沟，延伸约 300.0 m。左岸发育 I 级堆积阶地，阶面高出河床约 2.0 m，顺河长约 320.0 m，宽 30.0 ~ 45.0 m。

2．地层岩性

坝址出露地层主要为元古界长城系常州沟组（Chc）石英砂岩、燕山期辉绿岩脉（$\beta_{\mu5}^{1}$）和第四系全新统松散堆积物。

（1）元古界长城系常州沟组（Chc）石英砂岩，根据岩层的工程地质特性划分为 8 个工程地质岩组。

（2）燕山期辉绿岩脉（$\beta_{\mu5}^{1}$）。灰绿色，风化后成草绿或浅黄色，呈岩墙状侵入于石英砂岩中。主要矿物成分为辉石、斜长石，含少量石英、磷灰石、赤铁矿斑状结构，强风化带深 8.0 m，宽 5.0 ~ 20.0 m，产状 N35° ~ 55°W/NE∠26° ~ 84°，延伸长 3.5 km，从坝址下游左岸牛路沟起，经坝下游坡脚至右岸分水岭向小南山村方向成锯齿状延伸，后期受构造影响，接触带呈波状弯曲，两侧岩石破碎。

（3）第四系松散堆积物。上更新统洪冲积（Q_3^{pal}）：岩性上部为淡黄色低液限粉土，表层发育植物根系，结构松散，零星分布碎块石，厚 0.8 ~ 2.0 m；其下为混合土卵石，碎块石土夹粉土，细砂透镜体。全新统坡积（Q_4^{dl}）：岩性为含细粒土砾，灰黄色，角砾主要由石英砂岩、辉绿岩组成，呈棱角状，粒径不均一，从上至底部粒径由细变粗，土为低液限粉土，结构松散，厚 0.0 ~ 3.5 m，分布于两岸冲沟及坡脚。全新统洪冲积（Q_4^{pal}）：岩性表层为低液限粉土，表层发育植物根系，结构松散，零星分布碎块石，厚 0.5 ~ 1.5 m；其下为混合土卵石或卵石混合土夹粉土、细砂透镜体，结构松散、局部架空、级配不均，厚 20.0 ~ 52.0 m，主要分布于河床、漫滩及 I 级堆积阶地。

3．地质构造

坝址位于人头山—天池脑背斜的核部偏南东翼，人头山—天池脑背斜沿导流泄洪洞的出口段、溢洪道的出口段及电站下游 200 m 处通过，该背斜轴向 N23°E。坝址区断裂构造较发育，共发育 6 条断层。其中在 F3 断层带取样进行测年，其活动年限为 87.6 万年左右，为非活动断裂。坝址区岩层产状 N10° ~ 20°E/SE∠3° ~ 6°，为单斜岩层。岩体中主要发育两组节理裂隙，其走向分别为：N15° ~ 25°W/SW 或 NE∠80° ~ 85°，与河流近平行，一般张开 1 ~ 3 mm，无充填；N60° ~ 70°E/NW 或 SE∠78° ~ 86°，与河流近垂直，一般张开 3 ~ 10 mm，无充填或少量岩屑充填，延伸远。

1.10.3.2 坝基渗漏分析

坝基地层岩性主要为卵石混合土、混合土卵石，局部夹级配不良砾石层、级配不良砂层，结构松散至中密,厚度为 3.4 ~ 52.0 m。本次工作在坝址区下游及上游分别布置了抽水井，根据抽水试验资料，采用《水利水电工程钻孔抽水试验规程》(DL/T 5213—2005) 中完整孔单孔抽水渗透计算公式来计算坝基覆盖层的渗透系数 K 值。其中 S09-1 井采用费尔格伊米尔潜水公式[见公式（1.10-3）]、S09-2 号井采用裘布衣潜水公式[见公式（1.10-4）]来计算，计算成果见表 1.19。

$$K=\frac{0.732Q}{(2H-S)S}\log\frac{2b}{r} \tag{1.10-3}$$

$$K=\frac{0.732Q}{(2H-S)S}\log\frac{R}{r} \tag{1.10-4}$$

式中 K——含水层渗透系数，m/d;
Q——抽水流量，m^3/d;
S——抽水孔降深，m;
r——抽水孔半径，m;
b——抽水孔距近河边距离，m;
H——潜水含水层厚度，m。

结合探坑渗水试验和钻孔抽水试验的渗透系数 67.6 ~ 80.0 m/d，坝基覆盖层渗透系数取最大值与最小值的平均值 K 值为 54.2 m/d，坝基覆盖层属强透水层。

表 1.19 抽水井渗透系数计算成果表

水井编号	流量 Q /$m\cdot d^{-1}$	潜水含水层厚度/m	降深 S/m	井径 r/m	井距河水距离 b/m	影响半径 R/m	渗透半径 K'/$m\cdot d^{-1}$	平均值 K/$m\cdot d^{-1}$
S09-1	1226.88	24	2.76	0.163	22		48.3	39.9
	1131.84	24	1.86	0.163	22		43.7	
	734.4	24	1.05	0.163	22			
S09-2	984.96	44	0.87	0.163	94	61.4	24.6	28.3
	812.16	44	0.65	0.163	94	45.9	27.7	
	570.24	44	0.34	0.163	94	24	33.2	

结合探坑渗水试验和钻孔抽水试验的渗透系数 67.6 ~ 80.0 m/d，坝基覆盖层渗透系数取最大值与最小值的平均值 K 值为 54.2 m/d，坝基覆盖层属强透水层。

根据坝址区钻孔压（注）水试验资料，坝基基岩面以 50 m 以内岩层透水率变化较大。河谷中心与两侧由于受节理裂隙的影响，透水岩层分布不匀，吕荣值为 10 ~ 52.0 Lu，对应渗透系数为 0.2 ~ 1.04 m/d，属中等透水层。由址板线上钻孔资料可知，基岩中等透水层厚度为 8.1 ~ 34.3 m，取最大厚度 34.3 m 作为中等透水层的厚度,下部石英砂岩透水率小于 10 Lu，属弱透岩层。

综上分析，坝基全新统洪积卵石混合土层、强风化岩层和部分弱风化岩层为中强透水层，构成坝基渗漏层位，存在坝基渗漏问题。根据以上资料，采用公式（1.10-5）、公式（1.10-6）来计算坝基覆盖层渗漏量，考虑到坝基各地段透水层的厚度不同，透水层的渗透系数取相同的值，依照坝址区的钻孔资料将坝址区覆盖层渗漏量分三段进行计算，在正常高水位 852 m 时，坝基覆盖层渗漏量计算结果见表 1.20。

$$q = K = \frac{H}{2b+T}T \tag{1.10-5}$$

$$Q = q/B \tag{1.10-6}$$

式中　q ——坝基单宽剖面渗漏量，$m^3 \cdot d^{-1} \cdot m^{-1}$；

K ——透水层渗透系数，$m \cdot d^{-1}$；

H ——坝上下游水位差，m；

$2b$ ——坝底宽，m；

T ——透水层厚度，m；

B ——坝轴线方向整个渗漏带宽度，m；

Q ——渗漏量，m^3/d。从坝基覆盖层渗漏量计算结果来看，总渗漏量为 60 887.48 m^3/d，相当于 0.7 m^3/s。其中除河底深槽以外，以河床右半部渗漏较为严重。

表 1.20　坝基覆盖层渗漏量计算表

段号	透水层厚度 T/m	透水层渗透系数 $K/m \cdot d^{-1}$	坝底宽度 $2b$/m	上下游水位差 H/m	单宽剖面渗漏量 $/m^3 \cdot d^{-1} \cdot m^{-1}$	计算渗漏带宽度 B/m	计算带总渗漏量 $Q/m^3 \cdot d^{-1}$	坝基覆盖层总渗漏 $/m^3 \cdot d^{-1}$
一段	25.17	54.2	200	50	302.93	60	18 175.79	60 887.48
二段	50.2	54.2	200	50	543.73	40	21 749.32	
三段	29.6	54.2	200	50	349.37	60	20 962.37	

再者，坝基基岩为中等透水性，基岩也存在渗漏问题。在正常高水位 852 m 时，坝基基岩中等透水层渗漏量计算结果见表 1.21。

表 1.21　坝基基岩中等透水层渗漏量计算

段号	透水层厚度 T/m	透水层渗透系数 $K/m \cdot d^{-1}$	坝底宽度 $2b$/m	上下游水位差 H/m	单宽剖面渗漏量 $/m^3 \cdot d^{-1} \cdot m^{-1}$	计算渗漏带宽度 B/m	计算带总渗漏量 $Q/m^3 \cdot d^{-1}$	坝基覆盖层总渗漏 $/m^3 \cdot d^{-1}$
一段	26.83	0.27	200	50	1.6	40	63.87	495.87
二段	50	0.48	200	50	4.8	40	192	
三段	50	0.46	200	50	3	80	240	

从坝基基岩中等透水层渗漏量计算结果来看，总渗漏量为 495.87 m^3/d，其中以河底深槽及河谷右半部渗漏较为严重。

1.10.3.3　结　语

依据坝基渗漏层的颗粒组成、岩性、地质结构和渗透性等综合分析，建议坝基卵石混合土层采用防渗墙，中等透水石英砂岩采取帷幕灌浆，防渗墙深度应大于基岩强风化下限，帷幕灌浆深度应大于坝基基岩中等透水层下限，深入弱透水层 3 ~ 5 m。

1.10.4 堤防工程与环境地质问题探讨

1.10.4.1 概 述

由于人类对自然环境的影响或改变，导致了一些异常自然现象的产生，如 1998 年全国流域性的特大洪水，除了大气环境反常外，还与我们不注意保护自然生态环境也有必然的联系。所有的问题中，与地质有直接关系且隐蔽性最强、危险性最大的是堤基的渗透破坏，针对此，对堤基的渗透破坏则除了采取加长加厚铺盖外，比较普遍的做法是对堤基采取垂直防渗措施。堤防工程建设与地质环境有着十分密切的关系，由于防止堤基渗透破坏而采取的垂直防渗措施的实施，将带来一系列环境地质问题。

1.10.4.2 堤防工程与地质环境关联性

目前堤防工程主要是抵御洪、潮水给人类正常活动以及生存环境带来的自然灾害，其主体主要是采用各类挡水堤、墙，而堤上的各类闸、涵、洞、管等穿堤建筑物以及堤防维护、抢险所需的交通和通信设施等，则应归为堤防工程的附属工程。

1．堤防工程特性分析

（1）堤防工程线路长，分布范围广，其主体主要是线性水工建筑物，其他附属建筑物则另当别论。堤防工程的主体 ——大堤，多为阶段性（或临时性）挡水建筑物，建筑物高度在数米至十余米之间。

（2）堤防工程的主要附属建筑物之一是支流（沟）与主流汇合口附近的挡水闸，这种闸往往具有双向挡水的性质，这与大坝的受力条件是有区别的。

（3）堤防工程有严格的等级标准，对于特别重要的一级堤防，例如保护江汉平原的荆江大堤，是不允许溃堤的；而一般性的河滩围堤，在超过设计洪水时则只好放弃。但是对于大坝而言，基本上是不允许垮坝的，在勘测设计施工运行的全过程中，均采取十分谨慎的运作策略。

2．堤防工程所处的地质环境

堤防工程所处的地质环境多为江河冲洪积平原区，地层以第四系冲积、洪积、湖积相为主；堤防工程的地基大多坐落在此类沉积相的漫滩和一级阶地之上；也有一些堤防工程是在岸边岗地丘陵区，但不多见；还有一些城市的堤防工程是建在人工填土（杂填土、素填土）之上，例如武汉城区的部分堤防工程。就某一地区或某一河段的堤防工程而言，其所处的地质环境相对比较简单；从全国范围内的堤防工程来论，其地质环境则相对较为复杂。而且长江中下游与黄河中下游的地质环境显然是不同的；南方河流与北方河流的地质环境也有区别；湖泊、海堤的地质环境与江河漫滩更是相差甚远。堤防工程所处地质环境的一个重要特征是，水文地质条件较为简单，地下水的补排关系较为明确。江河湖岸地层中的地下水（松散沉积物中的孔隙水，二元结构地层中的承压水）与江河湖水之间的水力联系十分密切，互为阶段性的补排关系。堤防工程所处的江河湖岸既是堤内地下水的排泄边界，又是江河湖水位较高时补给堤内地下水的补给边界。这种边界条件一旦改变，实际上就是地质环境的改变，这是我们应该认真思考的。

3．堤防工程与地质环境的关联

堤防工程的特点决定了堤防工程对地质环境有较强的适应性，工程虽然规模巨大，线性工程跨越了不同的工程地质单元，地质环境差异较大；但在相同的地质环境和工程地质单元上，工程地质条件则相对较为简单，工程地质问题也相对较为明确。如果不从环境地质的角度来考虑，单从工程建筑物本身的角度来看，堤防工程并不复杂。堤防工程所处的地质环境是客观存在的现实，由于堤防工程的修建，或者说堤防工程措施的实施对客观地质环境的改变是毋庸置疑的。改变了客观地质环境，会带来什么样的环境地质问题，这是我们地质师需要认真思考和研究的。忽略了堤防工程的环境地质问题，人类社会肯定要受到大自然的惩罚。

1.10.4.3　堤防工程引起的环境地质问题

从目前地质问题来看，堤防工程所引起的工程地质问题主要有下列三类：堤基土层在渗流作用下的渗透破坏、堤基为软土层存在稳定问题、岸坡受水流冲刷侧蚀产生崩塌破坏影响大堤安全。针对此三大工程地质问题，如果工程处理措施不当或对地质环境的分析不够，就可能带来新的环境地质问题。

1．堤基垂直防渗阻断地下水的正常排泄引起的环境地质问题

堤基表层为砂性土，或砂性土埋藏较浅，或表层黏性土较薄的二元结构地层，在外江水位高于堤内侧地面高程时均将不同程度地存在堤基渗漏问题，实际上只要外江水位高于堤内地下水位时，渗漏就已经发生了。堤基渗漏并不可怕，对堤基稳定影响最大的是渗透破坏。当渗透水流坡降大于堤基土体的临界水力坡降时，渗透破坏就会发生。工程上对于渗透破坏一般采用铺盖、堤内侧设排水减压井、浅基截渗墙和垂直防渗帷幕。对于最后一种即垂直防渗措施，在没有进行堤基垂直防渗的情况下，地下水仍然能按照区域性地下水的总体流向，通过最短路径排向江河湖海中。显然，当实施了一定范围内的连续性垂直防渗措施后，天然状态下的地下水渗流场被人类工程活动改变了，水文地质条件发生了一定程度的变化，有些地方可能发生了根本性的变化，地下水的排泄通道被阻断了，实际上是地质环境的改变，新的环境地质问题将随之产生。如果大范围截断了地下水的排泄通道，地下水位被雍高之后，或于地表低洼处出溢，形成水塘直接以蒸发形式与大气层进行平衡交换；或选择更大范围的区域性的排泄途径向更远的排泄基准面运移。实施了封闭式的垂直防渗之后，使得这些原来每年仅受数日洪水威胁的城市将全年都在水中浸泡。这种情况并不是耸人听闻，据反映，有些地方已经出现了地下水位上升带来的一系列问题，这是地质师们应该重视的地方。

2．堤基垂直防渗阻断江河湖水正常补给地下水引起的环境地质问题

垂直防渗会打破地质环境的平衡，仍然会引起新的另一类的环境地质问题。归结起来主要有：

（1）由于截断了河水向地下水的补给通道，地下水失去了江河湖这一直接补给源，形成只采不补的恶性环境，必然导致地下水位的下降，影响地下水的正常开采与利用。城区地下水与江河湖水失去互相补排关系之后，地下水不能与外系统构成循环，必然导致水质恶化，新的环境水文地质问题由此而生。

（2）截断了河水对地下水的补给通道后，致使正常来水量情况下河水位偏高，而实际上防洪标准又没有提高，出现了自然生态环境的恶性循环。

3．开采筑堤建材引起的环境地质问题

堤防工程大多是采用当地材料筑堤，但是在实施过程中，承包单位并未在勘测设计单位推荐的料场取料，或者采取就近取土以解急用，导致开采筑堤料引起一些环境地质问题。

（1）由于取土，人为地破坏了天然的防渗铺盖，缩短了渗径，改变了可以安全抵御洪水的天然水文地质环境，增加了堤防出险的可能性。

（2）由于堤防附近并没有料场，不得不将农田作为料场，开采时未留下保护层，其结果是虽然保住了堤防，但也会造成大片农田被破坏，而且不易复耕，可能产生土地砂化，使本来就有限的土地人为地减少。

（3）堤防所需的块石料大多是开山采取，在开采时并没有实施多少保护措施，山上的植被受到严重破坏，加上开采的石料和弃土被任意堆放，极易引起水土流失，可能形成泥石流，造成新的地质灾害。

（4）筑堤所需的砂砾石，基本上是从河漫滩中开采的，如果不按设计要求进行开采，可能形成河道起伏不平，影响河水流态，从而改变河势，造成河道变迁，引起新的问题。

4．堤防工程可能引起的其他环境地质问题

汛期堤内低洼渊塘常常发生险情，且早期不易被及时发现，当发生冒泡喷水时也不易准确判断其渗漏性质，只好按最坏险情进行抢险，增大了抢险工作量和抢险难度。为了减轻汛期抢险压力，堤内渊塘一般按规范要求应进行填平处理，以确保堤脚一定范围内不产生险情隐患。然而，所有渊塘填平之后，也堵塞了地下水的排泄出口，会给堤内带来什么样的环境地质问题，还有待研究，并需要时间和实践去检验。

1.10.4.4 防止堤防工程引起环境地质问题的思考

为了保护堤防，也为了使自然环境不被人为地破坏，在加固或新建堤防时，首先要有环境意识，这是方案拟订和正确决策的基础。各类堤防工程方案在实施过程中，应注意几个原则：

（1）对需加固的堤防应尽量利用天然铺盖或加长加厚铺盖，堤后设置减压井和排水沟等措施来处理渗透破坏问题；对于险工险段或砂性土堤基段，可根据实际地质条件适当考虑垂直防渗措施，但决不可以在大范围内对全堤线进行大规模垂直防渗，即使局部堤段采取了垂直防渗，也应认真研究由此而引起的环境地质问题，提出解决方案。

（2）对于堤防附近无料可取而必需占用耕地的，应在取土时对取土深度科学地确定，留有一定厚度的可植层以备复耕。

（3）河道内取料应尽量在主河槽内，且开挖深度高差不宜过大，在河道弯曲和狭窄段不宜开采。

（4）开挖块石料应尽量少破坏表层植被，开采弃渣料应有固定的堆放场地。

1.10.5　堤防工程设计分析实例简介

堤防是世界上最早广为采用的一种重要防洪工程。筑堤是防御洪水泛滥，保护居民和工农业生产的主要措施，更是水利工程中较为常见的一种水工建筑，与我们的生活息息相关，本书以“都江堰灌区‘7·9’洪灾水毁恢复重建工程项目青白江河道防洪治理工程”中都江堰市蒲阳镇南溪村段堤防设计为例，简要介绍堤防工程设计与稳定分析和计算的相关知识。

1.10.5.1　软件简介

由北京理正软件设计研究公司研究并发行和销售的理正岩土系列，是我国土木类工程师较为常用的一款软件系列。本书主要介绍其中“边坡稳定分析”软件，其功能如下：

（1）软件具有通用标准、堤防规范、碾压土石坝规范三种标准，以满足不同行业的要求；

（2）软件提供三种地层分布模式（匀质地层、倾斜地层、复杂地层），可满足各种地层条件的要求；

（3）软件可计算边坡的稳定安全系数、及剩余下滑力；

（4）软件提供多种方式计算边坡的稳定安全系数；

（5）软件提供的自动搜索最小稳定安全系数的方法，使理正技术人员研制、开发、应用到软件中，并取得良好的效果。一般情况下，都可以得到最优解；

（6）对于圆弧稳定计算，软件提供三种方法：瑞典条分法、简化 Bishop 法及 Janbu 法：

（7）软件可同时考虑地震作用、外加荷载、及锚杆、锚索、土工布等对稳定的影响；

（8）特别是针对水利行业做了大量工作，除按水利的堤防、碾压土石坝规范外，还参照了海堤等规范；提供按不同工况、施工期、稳定渗流期、水位降落期计算堤坝的稳定性（具有总应力法及有效应力法）。

详细地分析、考虑水的作用，包括堤坝内部的水（渗流水）及堤坝外部的水（静水压力）的作用；尤其方便的是可以将渗流软件分析的流场数据直接应用到稳定分析，使计算结果更逼近真实状况。

本软件可应用于水利行业、公路行业、铁路行业和其他行业在岩土工程建设中遇到的边坡（主要是土质边坡、岩石边坡可参考）稳定分析。

1.10.5.2　工程简介

工程河段位于青白江都江堰市蒲阳镇南溪村。左右岸均为混凝土砌大卵石面板砂卵石堤防，长期以来，丰水季节冲刷严重，特别是受“7·9”洪灾影响，左右岸堤防水毁严重，特别是左岸整个堤防被冲刷掉，导致原河道旁耕地和作物被毁，河床基岩裸露。左岸基础和堤身需重建加固，右岸存在堤身问题，需加固。

该段河床基岩埋深较浅，特别是左岸部分，河床堆积层厚约 1.5 m，新建的左岸堤防可以开挖到中风化层即可，右岸堤防堆积层较厚，需要按照规范进行基础开挖。据此，堤线沿原河道堤防线布置，左岸堤防重建 241 m，加固 79 m；右岸加固 480 m，总计 800 m。河面实际宽度 35 ~ 65 m，大于稳定河宽计算值 21.32 m，满足稳定河宽要求。

1.10.5.3 堤身设计

1. 堤型确定

堤型的确定，主要考虑了以下因素：青白江流域洪水情况和河势特征；实际地形地貌、地质条件；当地天然建筑材料情况；现有河堤的形式；上下游河堤的形式；安全、经济、实用原则等。

根据完建工程的经验，考虑工程地段的地理、地质情况、水流及风浪特性、施工条件及工程造价等因素，分别对 C20 混凝土面板护坡式堤、C20 埋石混凝土衡重式挡墙及 C20 埋石混凝土仰斜式堤三种堤型进行经济技术比较。

由表 1.22、表 1.23 技术经济比较可见，C20 混凝土面板护坡式堤造价最低，回填堤身所需要的砂砾石储量大且质量优，可就近取用，便于机械施工，易于控制工程工期，且在当地有较成熟的筑堤经验。因此，本工程推荐采用方案一 C20 混凝土面板护坡式堤。

2. 堤顶结构

根据堤防管理和防洪抢险的需要，结合堤段实际情况，按照《堤防工程设计规范》（GB 50286—2013）对 4 级堤防工程堤顶宽度的规定，堤顶结构采用路堤结合型式，堤顶结构布置如下：

南溪村堤防工程根据其地形状况，由于右岸有工厂、房屋，为堤防加固段，不需要修建新的堤顶，左岸凹岸处距离道路较远，堤防需要重建，堤顶宽度为 3 m。

3. 堤身结构

以都江堰市蒲阳镇南溪村堤防为例，该段河床基岩埋深较浅，特别是左岸部分，河床堆积层约 1.5 m。因此新建的左岸堤防可以开挖到中风化砂岩层即可，右岸堤防堆积层较厚，需要按照规范进行基础开挖。

表 1.22 堤型方案技术比较表

设计堤型	混凝土面板护坡式堤	埋石混凝土衡重式挡墙	埋石混凝土仰斜式堤
技术条件	设计技术成熟，经验丰富；有大量成功的已成工程；坡面混凝土浇筑质量要求较高；需滑模施工，占地大，对地基承载力要求低	有熟练的施工队伍，有一定的施工经验，设计技术成熟，防渗效果好，地基应力分布较为均匀，施工难度大，占地较少，对地基承载力要求高	设计技术成熟，经验丰富；有大量成功的已成工程；堤身填筑较为困难，占地较大，对地基承载力要求较低
地质条件	一致	一致	一致
地理条件	相同	相同	相同
建筑材料	建材（砂砾石）储量大，可就地取材，运距短	建材储量少，运距较远	建材储量少，运距较远
工程功能	抗冲刷能力强，工程运行安全性好，运行寿命长，年维护工作量小，满足城市发展对河岸的景观要求，有利于加快施工进度	抗冲刷能力强，防渗效果好，工程运行安全性好，运行寿命长，施工较复杂，工期长	抗冲刷能力强，防渗效果好，工程运行安全性好，运行寿命长，施工较复杂，工期长

表 1.23　堤型经济比较表（每 1 米造价）

序号	项目名称	单位	工程量		
			C20 混凝土面板护坡式堤	C20 埋石混凝土衡重式挡墙	C20 埋石混凝土仰斜式堤
1	土方开挖	m^3	21.7	30.3	28.5
2	砂卵石回填	m^3	22.1	27.23	26.25
3	C20 混凝土齿板	m^3	2.5	0.00	0.00
4	C20 混凝土面板	m^3	2.17	0.00	0.00
5	C20 混凝土压顶	m^3	0.13	0.00	0.00
6	标准钢模板	m^2	4.15	7.26	3.81
7	C20 混凝土砌卵石	m^3	0.00	15.1	10.3
8	造价	元	2 252.80	6 217.71	4 346.85

左岸为堤防重建段，本段采用 C20 混凝土面板砂卵石堤，面板厚 0.3 m，迎水边坡坡比为 1∶1.25。由于该段河床覆盖层较薄，面板直接与基础衔接，基础采用 C20 混凝土，基础宽 0.98 m，高 0.5 m。面板顶与堤顶衔接段采用 0.3 m 厚、0.5 m 宽的 C20 混凝土，重建堤防的堤顶宽度为 3 m。背水坡坡比为 1∶1，采用撒草籽的草坡护坡。

右岸为水毁堤防，本段采用 C20 混凝土面板砂砾石堤，面板厚 0.3 m，边坡坡比为 1∶1.25。面板下与防冲趾板衔接，护坡坡脚相交处设 1.0 m 宽马道，趾板采用 C20 混凝土，坡比为 1∶1，齿板厚 0.5 m。齿板基础采用 C20 现浇混凝土结构，基础宽 1.07 m，高 0.5 m，置于防冲深度以下 0.5 m，基础埋深 3.0 m。面板与地面相交处采用 0.3 m 厚、0.5 m 宽 C20 混凝土压顶，面板顶与岸边公路、厂房衔接。

4. 堤基设计

河床冲刷深度直接关系到河堤稳定。堤基冲刷与流速、水流流向与岸边线夹角以及基础粒径等有关。堤基冲刷深度由公式（1.10-7）计算：

$$h_s = H_0\left[\left(\frac{U_{cp}}{U_c}\right)^n - 1\right] \tag{1.10-7}$$

其中

$$U_{cp} = U\frac{2n}{1+n} \tag{1.10-8}$$

$$U_c = \left(\frac{H_0}{d_{50}}\right)^{0.14}\sqrt{17.6\frac{\gamma_s}{\gamma}d_{50} + 0.000\,000\,605\frac{10+H_0}{d_{50}^{0.72}}} \tag{1.10-9}$$

式中 h_s——局部冲刷深度，m；

H_0——冲刷处水深，m；

U_{cp}——近岸垂线平均流速，m/s；

U——行进流速，m/s；

U_c——泥砂起动流速，m/s；

γ_s，γ——泥砂与水的容重，kN/m^3；

g——重力加速度，m/s^2；

d_{50}——床砂的中值粒径，m；

n——与防护岸坡在平面上的形状有关，一般取 $n = 1/6 \sim 1/4$；此处取 $n = 1/4$；

η——水流流速不均匀系数，根据水流流向与岸坡交角 α 查《堤防工程设计规范》（GB 50286—2013）表 D.2.2 确定。

计算结果如下：

断面	冲刷深度计算值/m	设计基础埋深/m
南溪村段	1.55	2.5

5. 堤坡稳定计算

选取工程点中的最大典型断面进行堤坡稳定性计算。堤坡稳定计算方法采用瑞典圆弧法，采用北京理正岩土计算程序进行计算。

（1）计算工况。

根据《堤防工程设计规范》（GB50386—2013）要求，计算工况为：

① 正常情况。

- 设计洪水位下的稳定渗流期的临水侧堤坡；
- 设计洪水位下的稳定渗流期的背水侧堤坡；
- 设计洪水位骤降期的临水侧堤坡。

② 非常情况。

- 施工期的临水侧堤坡；
- 施工期的背水侧堤坡。

（2）计算方法。

土堤堤坡稳定计算方法由于对土体抗剪强度计算方法的不同，分为总应力法和有效应力法。

① 总应力法。

施工期抗滑稳定安全系数可按下式计算：

$$K = \frac{\sum (C_\mu b \sec\beta + W\cos\beta \mathrm{th}\varphi_\mu)}{\sum W\sin\beta} \tag{1.10-10}$$

$$W = W_1 + W_2 + \gamma_w Z_b \tag{1.10-11}$$

式中 C_μ，φ_μ——土的抗剪强度指标，kN/m^3，（°）；

b——条块宽度，m；

β——条块的重力线与通过此条块底面中点的半径之间的夹角，（°）；

W——条块重力，kN；

W_1——在堤坡外水位以上的条块重力，kN；

W_2——在堤坡外水位以下的条块重力，kN；

γ_w——水的重度，kN/m^3；

Z——堤坡外水位高出条块底面中点的距离，m。

水位降落期抗滑稳定安全系数可按下式计算：

$$K=\frac{\sum\left[C_{c\mu}b\sec\beta+(S\cos\beta-\mu_i b\sec\beta)\tan\varphi_{c\mu}\right]}{\sum W\sin\beta} \tag{1.10-12}$$

式中　$C_{c\mu}$，$\varphi_{c\mu}$——土的抗剪强度指标，kN/m^3，（°）；

S——抗滑力，$S=W\tan\varphi_{c\mu}+C_{c\mu}\cdot L$（$L$ 为滑动长度，m）；

μ_i——水位降落前堤身的孔隙压力，kPa。

其他符号意义同前。

② 有效应力法。

稳定渗流期抗滑稳定安全系数按下式计算：

$$K=\frac{\sum\{C'b\sec\beta+[(W_1+W_2)\cos\beta-(\mu+Z\gamma_w)b\sec\beta]\tan\varphi'\}}{\sum(W_1+W_2)\sin\beta} \tag{1.10-13}$$

式中　C'，φ'——土的抗剪强度指标，kN/m^3，（°）；

μ——稳定渗流期堤身或堤基中的孔隙压力，kPa。

其他符号意义同前。

（3）计算参数。

堤料计算参数见表 1.24。

表 1.24　边坡抗滑稳定计算参数表

材料名称	天然容重	浮容重	黏聚力 C	摩擦角 φ
	kN/m^3	kN/m^3	kPa	（°）
粉质黏土	17.5	10	15	12
松散砂卵石（S+G）	21	11	0	26
稍密砂卵石（GS）	21.5	11.5	0	28
中密砂卵石（GZ）	21.8	11.8	0	30
密实砂卵石（Gm）	22	12	0	32
填筑砂卵石	22	12	0	35

（4）计算成果。

堤坡最小抗滑稳定安全系数计算成果见表 1.25。

表 1.25 堤防抗滑稳定安全系数表（南溪村段）

计算工况		计算安全系数		规范要求安全系数
		邻水坡	背水坡	
正常运用情况	设计洪水位不稳定渗流期	—	1.27	1.10
	设计洪水骤降期	1.26	—	1.10
非正常运用情况	施工期	1.25	1.26	1.05
	遇 7 度地震	1.21	1.23	1.05

综上，“都江堰灌区‘7·9’洪灾水毁恢复重建工程项目青白江河道防洪治理工程”南溪村段堤身设计各部分均满足稳定性要求。

第 2 章　野外地质实习

2.1　野外地质实习的内容及安排

2.1.1　地质实习目的、要求

1．实习目的

野外地质实习属教学实习性质。其目的在于巩固课堂所学的基本理论，联系实习现场和水利工程的实际，使学生获得感性知识，开阔视野，培养和提高实际工作能力（如观察能力、动手操作能力、识图能力、分析问题与解决问题的能力等）；了解野外地质工作的基本方法，掌握一定的操作技能以及编写实验报告的方法等。

此外，走出校门在野外或水利工程现场进行地质实习，还可培养学生吃苦耐劳、艰苦努力、遵守纪律、团结协作等优良品质，并受到爱国主义及社会主义的教育。

2．实习要求

为了保证野外地质实习的顺利进行，并取得良好的实习效果，对学生特提出以下几项要求。

（1）排除干扰，专心听讲。

当指导教师在实习现场（特别在工地上或途经城镇区、公路旁）讲解时，学生要克服过往人多嘈杂、外界干扰大的实际困难，集中精力，用心听讲，明确各地质点的主要观察内容和要求。

（2）做到“五勤”。

勤敲打、勤观察、勤测量、勤记录、勤追索。在各地质点上，按教师的具体要求，应有重点地进行仔细观察与描述，尤其对那些重要的地质现象更应把书本知识与现场实际联系起来，掌握其鉴别特征，并注意收集和积累第一手资料，做好文字记录与地质素描。以严肃认真、实事求是的科学态度，对待野外实习。

（3）熟练操作地质罗盘。

对地质罗盘，要求了解其结构原理，掌握使用方法。运用地质罗盘测量地质界面的产状要素，需在实习过程中反复操作与训练，逐步达到运用自如，并把它作为技能要求，列入本实习考核的一项内容。

（4）开动脑筋，积极参加现场讨论。

实习开始时，教师在野外可能多讲一些，但随着实习不断深入，为了培养学生独立观察与分析能力，教师将逐步少讲或以提出问题的方式，让学生通过实际观察分析后回答或组织现场讨论。这样，就给学生提供较多的观察与思考时间。为此，要求学生能抓住主要问题，迈开双脚，寻找证据，开动机器，善于把前后左右与之相关的情况连贯起来思索。在现场讨论中，要敢于发表个人的见解（哪怕是不正确的），把它看成是锻炼和提高自己的好机会。当讨论中争执不下时，可以保留不同观点，但应重事实，重证据，尊重科学。

（5）实习回来应及时整理野外记录。

当天的记录当天整理补充。如发现问题，应及时查清或予以改正。教师可随时抽查野外记录。野外记录是学生最后编写实习报告的重要依据，其完整程度和充实与否，直接影响到实习报告的编写和报告质量的高低。

（6）实习结束时每人应按时递交一份自编的实习报告。实习报告作为学生实习的业务总结，也是教师评定其实习成绩的依据之一。

总之，对学生来说，听讲、观察、操作、记录、思索和编写报告等是搞好实习的几个主要环节，务必从实习一开始就抓紧进行。

3. 注意事项

（1）加强组织纪律性。

实习期间，应遵守实习队的有关规定，按时出发，不擅自离队，有事应向实习队请假。野外行进中，注意不踩坏庄稼，不顺手采摘瓜果。注意与当地群众搞好关系，自觉地维护实习队和学校的声誉。

（2）做好克服困难的思想准备。

地质实习野外跋山涉水，路线长，体力消耗大，食宿条件相对较差，比较艰苦；有时头顶烈日或遇上雨、雪恶劣天气，困难较多。因此，要求大家应有足够的思想准备，要发扬团结互助精神，师生共同努力，克服困难，以保证实习顺利进行，全面完成实习任务。

（3）注意健康、确保安全。

实习时要特别注意饮食卫生和天气变化。在野外和水利工地上观察时，应注意上方的悬石和过往的车辆；当穿过施工场地时，千万当心放炮，提防施工机械碰撞。实习期间不准下河、下湖、下库游泳，以确保人身安全。

（4）爱护仪器设备。

对借用的仪器及其他实习用品，其保管职责最好落实到人；实习结束后，应及时归还；如有丢失或损坏，要写出书面报告，按实验室管理规定赔偿。

2.1.2 地质实习的主要内容

1. 地层与岩性

（1）地层时代与岩性特征；

（2）地层厚度与出露情况；

（3）地层接触关系。

2. 地质构造

（1）水平构造；

（2）倾斜构造；

（3）褶皱构造；

（4）断裂构造。

3. 典型自然地质现象

包括喀斯特（岩溶）、滑坡、崩塌、泥石流、岩石风化、地震等。

4. 实习区水利工程地质条件

了解实习区水利工程的地质条件及其存在的主要工程地质及水文地质问题，应虚心向当地工程技术人员学习：

（1）一般工程地质条件。包括地形地貌、地层岩性、地质构造、地震基本烈度、自然（物理）地质现象、水文地质及天然建筑材料等条件；

（2）存在的主要工程地质问题或水文地质问题及其处理措施。

5. 结合不同专业要求，可适当加强某些实习内容

（1）水文地质调查（如北方农水专业）；

（2）河流地貌及第四纪地质调查（如治河专业）；

（3）河流梯级规划中的地质评价或地下水资源评价（如水资源专业）。

此外，如有条件还可适当组织学生参观地质勘探（物探钻探、坑槽探）现场及野外试验等。

2.1.3　地质实习安排

1. 准备工作

（1）资料准备。包括实习区的区域地质和与水利工程有关的地质资料、图件，以及实习用图等。

（2）组织准备。由学生所在系出面成立地质实习队，并指定实习队的主要负责人。实习队下分班级或实习小组；出发前由系领导向学生进行实习动员，并提出具体要求。

（3）物质准备。包括实习用品（如地质罗盘、地质锤、实习用图、皮尺、钢卷尺、讲义夹等）、学习用品（如教材、实习指导书、记录簿、绘图工具、方格纸、报告纸等）以及生活用品（如衣物、餐具、雨具、水壶等）。

2. 外业工作

（1）实习地点。

实习地点的选择，应尽量满足上述实习内容和要求，选择在具有地质现象典型、内容丰富、资料较多、交通便利并能与水利工程相结合的地点，作为固定的实习基地或实践站。也可结合专业生产实习选择拟建的或在建的水库、坝址工地，或已建的水利枢纽工程进行实习，视各院校的具体情况而定。

（2）实习时间。

根据水利水电各专业的培养目标、要求和本课程地质实习大纲的规定，根据各院校 40 多年来教学实践和经验，地质实习时间不应少于 1～2 周。因为：第一，实习大纲规定的内容较多，而且又是基本的，对水工人员来说极为必要，时间太短了，就无法保证这些实习内容，达不到培养目标要求；第二，学生从接触野外地质实习开始，到最后具有初步的观察与分析能力，是一个逐步训练与提高的过程，时间短了不利于实习能力培养与形成；第三，水工人员加强地质教育，应在实习这一教学环节上予以加强，让学生打好基础，较好地掌握地质基本知识。

3．内业工作

外业结束后，应及时转入内业整理。学生应独立编写实习报告，包括文字和图件两部分。

通过编写地质实习报告和绘制地质图件，不仅可使学生学会将野外观察、测量的实际资料经过系统整理和归纳，获得整体概念和规律性的认识，掌握和巩固本课程的基本内容；而且从报告编写提纲的拟定，到内容素材的组织、编排，乃至文字、图件的表述，都为学生提供一次学习机会，这对今后专业课程设计、毕业设计报告或论文的编写会大有好处，作为一个水利水电工程师，这些基本功训练都是完全必要的。

2.1.4 地质实习成绩评定

1．成绩等级

根据教学计划规定，地质实习是单独考查评定成绩的。成绩按优、良、中、及格和不及格五个等级评定。

2．评定依据

教师评定实习成绩主要依据学生以下两个方面：

（1）实习表现。

考查学生在实习期间出勤情况，实习态度是否认真，野外“五勤”做得怎样，主动性、积极性发挥如何，遵守实习纪律的好坏，以及是否发生事故等。

（2）实习报告质量。

评定学生完成实习报告质量的高低，并考察其是否独立完成，有无抄袭他人现象等。

此外，教师还可通过问卷质疑、口试或结合平时考察、提问、抽查等情况，综合予以评定。

组织一次地质实习，国家和学校要花费大量的人力、物力和财力，要求学生充分重视，珍惜机会，积极配合，认真对待。通过实习能在德、智、体的培养锻炼上得到一次全面的提高。

2.2 野外地质实习的一般工作方法

野外地质实习的一般工作方法主要包括：产状要素测量、路线地质调查、岩石野外观察、地质构造野外观察、地貌及第四纪地质调查、水文地质调查、实测地质剖面等。

2.2.1 产状要素测量

1．地质罗盘的结构原理

地质罗盘有方形和近似圆形两种，其结构原理基本相同，现就近似圆形的地质罗盘为例介绍。

近似圆形的地质罗盘又称袖珍经纬仪，其结构如图 2.1 所示。

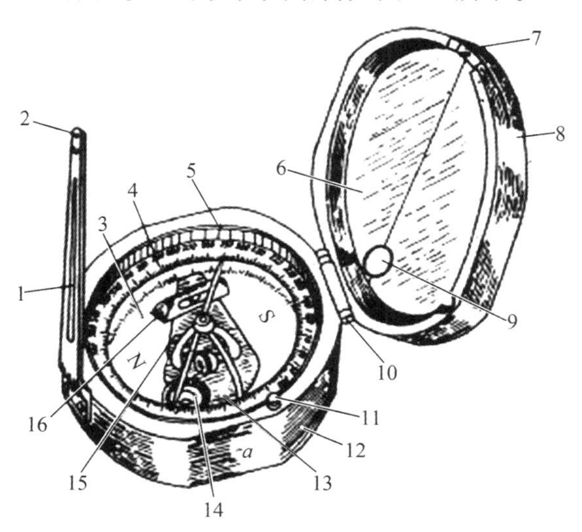

图 2.1　地质罗盘的结构

1—长照准合页；2—短照准合页；3—方向盘；4—刻度环；5—磁针；6—反光镜；7—照准尖；8—上盖；9—反光镜椭圆观测孔；10—连接合页；11—磁针锁制器；12—壳体；13—倾角指示盘；14—圆水准泡；15—测角旋钮（位于仪器方向盘背面）；16—长水准泡

地质罗盘的结构原理是利用磁针指示磁子午线，配合刻度环的读数，确定目标相对于磁子午线的方向；同时，根据倾角指示盘与长水准泡总是保持垂直的关系，配合方向盘的读数，确定目标的各种坡角。

仪器上盖 8 和壳体 12 通过连接合页 10 构成仪器的主体。上盖装有反光镜 6，可把目标映入镜线（反光镜中一条通过椭圆观测孔的直线），用来观察仪器水平状态和测量结果；壳体内装有磁针 5 指示磁子午线，配合刻度环 4 可读出目标的方位数；壳体内的方向盘 3、倾角指示盘 13、长水准泡 16 与装在壳体底面的测倾角旋钮 15 互相配合，可测出目标与水平面的夹角；圆水准泡 14 可保持仪器水平状态；壳体上装有磁针锁制器 11；照准尖 7、短照准合页 2 上的视孔和尖、及反光镜的椭圆孔 9 用来观察目标；壳体外侧还装有一个校正螺丝，用来校正地区磁偏角。

2. 地质罗盘的使用方法

地质罗盘是地质人员从事野外工作必备的仪器之一。其主要作用及使用方法如下所述。

（1）产状要素测量和表示方法。

在测量前，先在欲测的地质界面[如岩层层面、断层面节理（裂隙）面、片理面等]上选择有一块既有代表性，又相对平整的地方，便于施测。

① 走向测量。将仪器上盖 8 开启到极限位置，松开磁针锁制器 11，使磁针能自由偏转，将反光镜 6 靠左，方向盘 3 上的 N 端靠右，并使仪器长边下侧的棱紧靠欲测的地质界面，让圆水准泡 14 的气泡居中，此时，指北针或指南针（即磁针带铜丝的一端）所指刻度环 4 上的读数，即为该界面的走向方位角。由此可见，同一走向可用两个不同的方位角表示，两者之间相差 180°。

② 倾向测量。将仪器上盖 8 的背面贴紧欲测界面，让圆水泡 14 的气泡居中，此时指北针所指刻度环 4 上的读数，即为该界面倾向的方位角。也可用连接合页 10 下边壳体的短棱边靠紧欲测界面，保持圆水准泡的气泡居中，读指北针所指刻度环上的数值。值得注意的是倾向只有一个方位角，且与走向方位角相差 90°。

③ 倾角测量。将仪器上盖开启至极限位置，使仪器的侧面紧贴在欲测界面上，垂直于走向，且让长水准泡 16 居于下方，旋转壳体背面的测倾角旋钮 15，调整长水准泡的气泡居中，此时倾角指示盘 13 在方向盘 3 上指示的读数即为该界面的倾角。倾向的大小范围在 0° ~ 90°。

以上为产状三要素的测量方法。在实际测量中，人们常常只测倾向和倾角而不测走向，因为走向的方位角可通过倾向方位角加或减 90°求得。只有当界面倾角较小（如小于 25°）时，为了提高测量精度，需先测出界面的走向（并在界面上画出相应的走向标记），再测量倾向和倾角。

④ 产状要素的表示方法。地质上读方位角通常以正北为起点按顺时针方向读数，并在方位角前面加上表示象限的符号 NE、NW、SE、SW（均以 N 或 S 为首，E 或 W 随后）。若以东、西、南、北为界，可将平面分成四个象限（图 2.2）：第Ⅰ象限为 NE，方位角 0° ~ 90°，第Ⅱ象限为 SE，方位角 90° ~ 180°；第Ⅲ象限为 SW，方位角 180° ~ 270°；第Ⅳ象限为 NW，方位角 270° ~ 360°。

走向及倾向的方位一般都用方位角（0° ~ 360°）表示。如走向北东 45°，倾向南东 135°，可用 NE45°SE135°表示，也可用 SW225°SE135°表示（图 2.2），因为走向有两个，以 NE45° 或 SW225 表示均可，但倾向只有一个 SE135°。

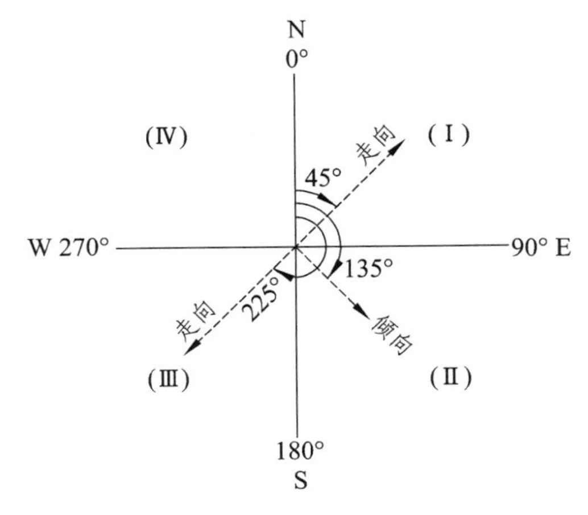

图 2.2 方位角的表示

倾角是竖向角，一般用 $\angle\theta$ 表示（θ 为 0° ~ 90°的角）。所以一个地质界面完整的产状要素应写成 NE45°SE135° $\angle\theta$（按走向、倾向、倾角顺序）。在实际工作中，也有简化的写法：如 NE45°SE $\angle\theta$，即倾向只注明象限不标出方位角；又如只写 SE135° $\angle\theta$，即不写走向只写倾向和倾角。

（2）方位的测量：在中小比例尺（如 1/50 000）的地质测绘中，经常使用“交会定点法”来确定观测点在地形图地质图上的位置，即用地质罗盘从观测点向图中两已知点在实地的目标（如测量控制点、典型的地形地物标志等）进行方位测量（或从两已知点向观测点进行方位测量），两条方位线在图上的交点即为该点的位置。其具体操作程序分两种情形说明如下。

① 当目标（已知点）在水平视线上方时，右手握紧仪器，反光镜背向观测者，手臂贴紧腰部，以减少抖动。左手调整长照准合页 1 和反光镜 6，转动身体，使目标（已知点）和长照准合页尖的影像同时映入反光镜，并为镜线所平分，且保持圆水准泡 14 气泡居中，此时指北针所指刻度环上的读数，即为该目标相对于测点所处的方位（即自测点至目标连线的方位）。按照同样的方法，对另一目标（已知点）进行方位测量，读出方位数。根据图上此两已知点的位置和前述方位测量读数，就可交会出测点在图上的位置。如图 2.3（a）所示，需把现场的测点 C 标绘在地形地质图上，先找出实地的两个已知目标 A、B，该两目标在地形地质图上的位置分别是 A'、B'，由前述方位测量方法测知 B 点位于 C 点 330°方向，A 点位于 C 点 255°方向。在该图（b）上过 A'作 75°方向线（因为 $\overline{CA}$ 方位为 225°，则 $\overline{AC}$ 方位为 255° − 180° = 75°），再过 B'作 150°方向线（因为 $\overline{CB}$ 方位为 330°，则 $\overline{BC}$ 方位应为 330° − 180° = 150°），两线相交于 C'点，即为实地观测点 C 在图上的位置。在实测中，为了提高精度，往往选用三个已知目标点进行交会，取三线交会中心点。

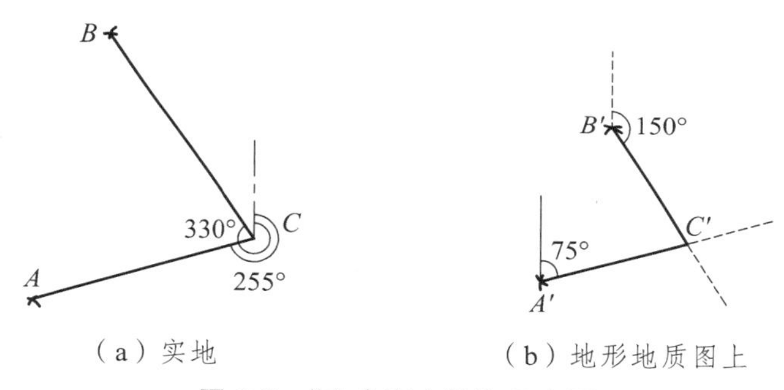

（a）实地　　（b）地形地质图上

图 2.3 "交会定点法"示意图

② 当目标（已知点）在视平线下方时，右手握紧仪器，把反光镜放在观察的对面，手臂同样紧贴腰部以减少抖动，左手调整长照准合页和反光镜，转动身体，使目标、长照准合页的尖同时映入反光镜椭圆形孔 9 中，并为镜线所平分，且保持圆水准泡气泡居中，此时指北针所指的读数即为该测点相对于目标所处的方位（即自目标至测点连线的方位）。

坡角测量：在地质测绘中，用地质罗盘可以测定地面斜坡的平均坡角。其具体操作步骤是：打开仪器，把长照准合页开启到极限位置，并使短照准合页与长照准合页处于垂直状态，右手握住仪器壳体，使短照准合页置于观察者一方，并将仪器平面处于竖直状态，让长水准泡居于下方。左手调整反光镜，观察者通过短照准合页的视孔、反光镜的椭圆形孔瞄准位于坡顶上与观察者同高的目标（可选同等高度的人或事先插好花杆的适当高度），使椭圆形孔刻划线平分目标，并调整测角旋钮，从反光镜中观察长水准泡的气泡居中，此时倾角指示盘上的数值，即为该斜坡的平均坡角。

3．地质罗盘的磁偏角校正和仪器保护

（1）磁偏角的校正方法。

由于地质罗盘是用磁子午线定位的，而地形图则采用地理方位。为了在地形图上能正确标定地质界面产状要素的地理方位，因此野外工作之前，必须对地质罗盘进行磁偏角校正，使其读数能直接代表地理方位而不必换算。

一般情况下，可直接利用地形图边框标明的该地区磁偏角数值，也可查表。地理方位α = 磁方位$\alpha' \pm \delta$（式中δ为磁偏角，当东偏时取“+”；西偏时取“－”）。

校正地质罗盘磁偏角的具体方法是：打开仪器放在平面上，用改正刀插入壳体侧面校正螺丝，将刻度环向左或向右转动（若此时校正螺丝位于校正者右手边，当东偏角时向右转动，西偏角时向左转动），使刻度环上0°～180°连线与罗盘长边（即方向盘上的N—S线）的交角正好等于磁偏角的大小，或者是使仪器壳体内的黑划标志对准刻度上相当磁偏角大小的地方。

（2）我国部分地区的磁偏角。

我国部分地区的磁偏角详见表2.1。

表2.1 我国部分地区的磁偏角

地名	磁偏角（δ）	地名	磁偏角（δ）	地名	磁偏角（δ）
哈尔滨	9°39′（西）	合肥	3°52′（西）	南宁	0°50′（西）
长春	8°53′（西）	厦门	1°50′（西）	成都	1°16′（西）
沈阳	7°44′（西）	台北	2°32′（西）	贵阳	1°16′（西）
北京	5°50′（西）	南昌	2°48′（西）	昆明	1°00′（西）
天津	5°30′（西）	济南	5°01′（西）	拉萨	0°21′（西）
太原	4°11′（西）	郑州	3°50′（西）	西安	2°29′（西）
包头	4°03′（西）	武汉	2°54′（西）	兰州	1°44′（西）
上海	4°26′（西）	长沙	2°14′（西）	西宁	1°22′（西）
南京	4°00′（西）	广州	1°09′（西）	银川	2°35′（西）
杭州	3°50′（西）	海口	0°29′（西）	乌鲁木齐	2°44′（东）

注：此表摘自中国科学院地球物理所1973年编印的《中国地磁图》（1970年）。

（3）仪器保护。

① 磁针和与其配合的顶针、玛瑙轴承是仪器最主要的零部件，应小心保护，保持洁净，以免影响磁针的灵敏度。不工作时，应将开关锁牢，以免轴尖磨损。

② 不要把仪器放在其他铁磁物件旁边，以免磁针由于退磁而失灵。

③ 尽量避免高温、曝晒，以防水准泡漏气失效。

2.2.2 路线地质调查

1. 观察路线与观察点的布置原则

（1）观察路线的布置原则。

工程地质测绘中，采用的观察路线有两种基本形式，即穿越法和追索法。

① 穿越法。

观察路线基本是垂直于地层界线或区域构造线的走向布置，并按一定的间距横穿整个调查区。测绘人员沿观察路线观察地质剖面和标绘地质界线；路线之间的界线则采用内插法或“V”字形法则来填绘。此种方法的优点是能比较容易地查明地层顺序，上下层位接触关系，岩相横向变化以及地质构造的基本特征，且工作量较少。其缺点是路线之间的地带因未曾观察，连绘的地质界线可能与实际的有出入，对地层岩相、厚度沿走向变化的研究程度较低，且可能遗漏较重要的小地质体、横断层等。若测绘比例尺越小，路线间距越大，则上述缺点越明显。

② 追索法。

观察路线是沿地质体、地质界线或构造线的走向布置，用以追索地层层位（如标志层）、接触界线、断层等。此法的优点是可以详细地调查地质的纵向变化，且可准确地填绘地质界线。其缺点是如果整个测绘区采用此法，将严重地影响野外工作的进度。

对于小比例尺（如 1/50 000、1/100 000）地质测绘，一般以穿越法为主；中比例尺（如 1/25 000、1/10 000）地质测绘，采用穿越法与追索法相结合的方法；而大比例尺大于 1/5 000）地质测绘，则采用全面查勘法。

观察路线的具体布置，除根据测绘精度要求确定线网的间距外，尚需考虑测区的自然地理条件、岩石露头情况及住地位置等因素。每一条具体的路线，可以为直线型，也可以为“之”字形或“S”形，甚至迂回、曲折。总之，观察路线的布置原则是：既要使观察路线的线网密度满足测绘的精度要求，又能发挥最佳的工作效益，同时还应根据地质条件的复杂程度，适当予以加密或减稀，切忌均匀布线。

（2）观察点的布置原则。

观察点又叫“地质点”。观察点的布置，要求目的明确，密度合理，以能有效地控制测区范围内的各种地质界线和地质要素的空间布展为原则。其间距需保证地质界线在图上的精度要求，一般控制在 2～3 mm（即图上距离）范围内，切忌均匀布点。

观察点一般布置在填图单位的界线、标志层、化石点、岩性或岩相发生明显变化的位置；岩浆岩的接触带和内部相带的界线；褶皱轴部或翼部、断层破碎带；节理测量或统计点；代表性产状要素测量点；典型的天然或人工露头、地下水露头（井、泉）取样点、山地工程及钻孔孔位；自然地质现象如滑坡、崩塌、喀斯特、冲沟、泥石流等分布地段；不同地貌单元及次一级微地貌的界线；对坝、库岩体稳定和渗漏有较大影响的地段等。

2．观察点的工作

路线地质调查的一般工作程序是：观察描述地质地貌露头；测量岩层产状及其他构造要素；标定观察点位置；追索、勾绘地质界线；沿途路线观察、描述；绘制路线地质剖面图（信手剖面图或素描剖面图），以及采集标本、样品。

（1）观察点的描述与记录。

观察描述记录一般包括下列内容：

① 地层岩性描述。包括各类岩层时代、岩性（颜色、成分、结构与构造）、厚度及其变化、分布、层序、接触关系及岩石风化等。

② 地质构造描述。包括各种构造形迹（褶皱、断层、节理、片理等）的分布、形态、规模及结构面的力学属性。

③ 地貌及第四纪地质描述。包括地貌形态特征、分布情况和成因类型，第四纪地层岩性、成因类型，河谷地貌以及地表水、地下水与地貌的关系等。

④ 水文地质描述。包括井、泉位置，地下水类型、分布情况和埋藏条件，地下水的物理

性质、化学成分以及地下水与地表水的补排关系等。

⑤ 自然（物理）地质现象描述。包括各种自然地质现象如喀斯特、滑坡、崩塌、泥石流的分布位置、形态特征、规模、成因类型以及发育规律等。

观察点描述记录的内容，视实习场地的具体情况和观察点的性质不同而有所侧重。如为岩性点，则着重描述记录岩性特征；如为构造点，则着重描述记录地质构造特征；而其他内容或相同部分可以从简。重要的观察点，还应尽量用地质素描或照片充实文字记录。

野外记录通常采用专门记录簿或卡片。记录内容原则上要求尽量翔实，不要轻易放过任何一种地质现象，但又必须重点突出，主次分明。对重要的地质现象或首次观察到的情况要详细描述，而对一般的或多次见到的情况则可简略些，着重记录其出现的特殊性或变化情况。此外，还应记录观察者对客观地质事物当时分析判断的看法和认识。

（2）观察点位置的标定。

在地形图上标定观察点位置，力求准确，一般要求在图上的误差不超过 1 mm。标定方法：当测绘小比例尺时，可利用地形地物标志目测或用地质罗盘交会法后确定点位；当测绘中比例尺时，控制主要地质界线和地质现象的观察点，必须用仪器标定；当测绘大比例尺时，所有观察点都必须用测量仪器标定。

（3）地质界线的勾绘。

对观察点作了上述内容描述记录、标定点位，以及进行点与点之间的沿途观察后，还需按填图单位将同一层位界线（或同一构造线、同一地貌单元界线等）的观察点连绘起来，构成一幅地质草图。

勾绘地质界线，一般应在野外现场根据地质界线的出露情况，直接连绘在地形图上。勾绘的方法是：除由观察点控制的一段地质界线外，其他在追索或视野能见范围的地质界线，可选择地质构造转折部位、地质界线通过山脊或沟谷等位置，按目测法标定一些辅助控制点，然后根据“V”字形法则将整段地质界线连绘起来。

在路线地质调查中，所完成的地质草图、观察点描述记录，以及其他测量成果，是重要的原始资料。它是野外工作结束后进行内业整理的基本依据，必须妥善保存。

3. 地质素描

地质素描是从地质观点出发，运用透视原理和绘画技巧来表达地质现象或地质作用的画幅。野外勾绘的地质素描，通常是在调查观察过程中进行的，往往要求在较短的时间内善成，一般就在自己野外记录本上用铅笔或钢笔画，不可能精工细作，故又称“地质素描草图”。

（1）地质素描的优越性。

地质素描比地质摄影优点多。地质素描除了不受天气、镜头取景范围、近景与远景的限制和比较经济等优点外，更重要的是，当我们分析某种地质现象，认为哪些特征应当强调，哪些附属物或近旁的草木对这些特征有所干扰而应当排除时，若采用照相的办法，忠实于客观景物的复制，就会主次不分，不能突出地质内容，收不到应有的效果。若采用素描技术处理，则完全可以根据观察者的需要，对各种地质现象特征和附近的景物有所取舍，该突出哪些，该精简哪些，都任凭自己的运笔予以描绘和体现。事实表明，一份地质调查报告，如果能充分运用地质素描，既有助于揭示和说明问题的现象本质，又可避免一些不必要的文字叙述，做到简明扼要、文图并茂，效果更佳。

（2）地质素描的基本知识。

画地质素描必须掌握透视法则。比如公路两侧排列成行的电线杆，每一根的高度肯定都是相等的，但当我们朝天线杆的尽头望去时，只觉得近处的杆子高，向远处挨个儿低下去，而且公路两侧电线杆向尽头交汇于消失点。这就是透视现象。透视法则大体上归纳为："近高远低""近大远小""近宽远窄""近前远后""近弯远直""近清远濛"等。这些都是实地运笔时必须掌握的基本技法。

素描运笔的线条基本上分为两类：一是轮廓线，这是最主要的线条，用于勾画景物的基本轮廓，因此运笔时必须抓住景物的关键部位，按透视法则予以表现，如图 2.4（a）所示；二是阴影线，在轮廓线勾画的基础上，如何使景物符合"立体感"的形象，必须运用阴影线，表达光线在景物上的明暗反差，如图 2.4（b）所示。运用得当，景物逼真；运用不善，则损伤轮廓线，甚至使景物无法辨认。因此，运用阴影线时，需掌握如下几个要点：

① 方向性：阴影线的起伏必须保持与景物表面的起伏一致，掌握"线条随面走，面变线亦变"的原则。

② 疏密性：线条的疏密是表示光线明暗的方法之一，明处用线要疏，暗处用线要密，最暗时甚至涂黑，尽量符合阳光照射于景物上的实际情况。

（a）轮廓线

（b）阴影线

图 2.4　素描线条

③ 灵活性：在注意景物用线合理性的基础上，还要考虑到美化画面，如何恰当地运用阴影线颇有讲究。就是说，阴影线的长短、疏密、曲直、断续等技法的运用要灵活掌握，以美化和令人悦目为标准。这方面的功夫，只有在素描技巧比较熟练的基础上才能逐步提高。

此外，地质素描除了表达地质景物的基本特征外，还可适当配合一些衬托物，作为景物的比例尺、特殊背景等。

（3）地质素描的基本步骤。

① 选定素描对象的范围，确定景物在画框内的位置。

② 安排主要对象和次要对象的大小比例及其相对位置关系，并在图框内勾画出其范围。

③ 勾画景物（或地质体）的轮廓线。主要是抓住外形轮廓，如山脊、陡崖、河床、阶地、层面、断层之类。勾画时先近后远，近处画得细致、清晰、浓重，远处画得粗略、轻淡、隐约。尽量符合透视原理来运笔。

④ 在轮廓线勾画就绪的基础上，加阴影线。这一步骤主要是掌握景物形象的立体感，使其逼真如实。

⑤ 适当画些背景或衬托物，用以美化画面。

⑥ 为了清楚地表达画面的内容，可在景物（或地质体）附近标上必要的文字，如村庄、地层年代符号或其他符号等。

⑦ 最后写上图名、地名、方位、测量数据、比例尺及其他必要的说明。

（4）地质素描的种类及部分实例。

地质素描按其内容，最常见的有下列几种类型：

① 地层素描。素描对象是地层，表示地层层位关系、地层特征等，如地层剖面素描图（图2.5）、地层平面素描图（图2.6）。

② 地质构造素描。主要对象是褶皱、断层、节理及其他构造地质现象。对它们的素描应分别注意以下地方。

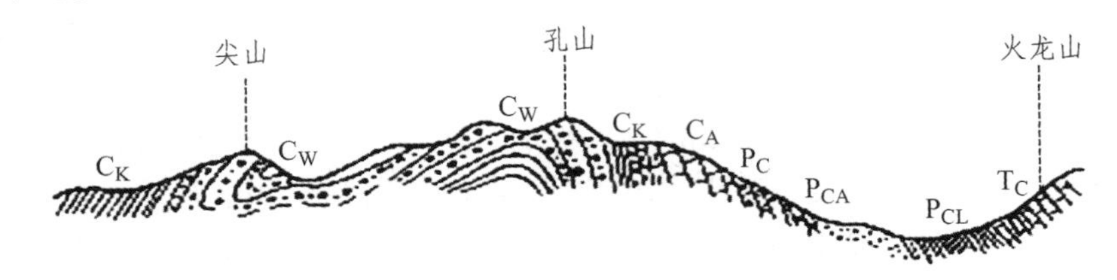

图 2.5 南京孔山地层剖面素描图（据金瑾乐）

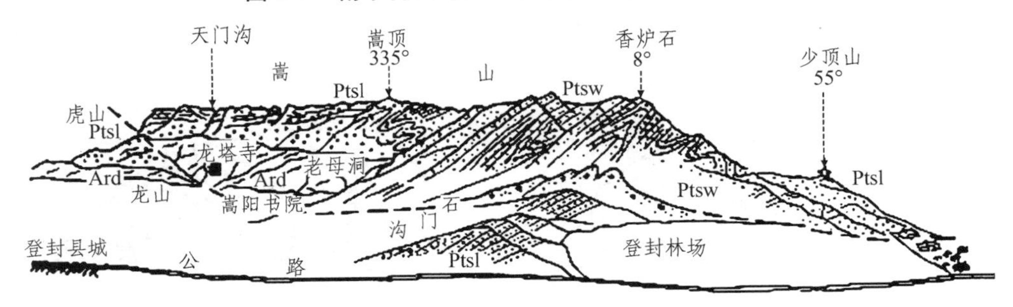

图 2.6 从登封县城东南蝎子山往北画嵩山群峰素描图（据马杏垣）

Ard—太古界登封群；Ptsl—元古界嵩山群罗汉洞组；Ptsw—五指岭组黑粗线表示断裂；山峰名下的角度为从画图位置看去的方位角

褶皱素描：在素描动笔前，应首先琢磨哪一层可作为“标准层”、这个“标准层”的岩性特征以及如何表达的素描技法。到素描时，对“标准层”可着重描绘，以求褶皱形态充分显示出来，如图2.7所示。

断层素描：跟褶皱一样，也应先找出它的“标准层”，以此判断断层两盘的相对动向，确定断层类型，如图2.8（a）所示。

节理素描：素描时主要应把几组不同方向的节理表现清楚，注意各组间的交角大小和各组节理的宽度大小符合实际和透视原理，如图2.8（b）所示。

图 2.7 褶皱素描图（据李尚宽）

③ 地貌素描。地貌素描是一类视野颇大的素描，从地质角度考虑，主要是表现地貌特征与岩石性质、地质构造的关系，或表现风化、水流侵蚀、冰川、火山、地震等地质作用与地貌的关系，如图2.9（a）、（b）所示。

④ 标本素描。一般以矿物晶体形态、岩石结构与构造、化石等为对象。由于素描面积不大，往往描绘得较为细致，如图2.10所示的雨花石素描。

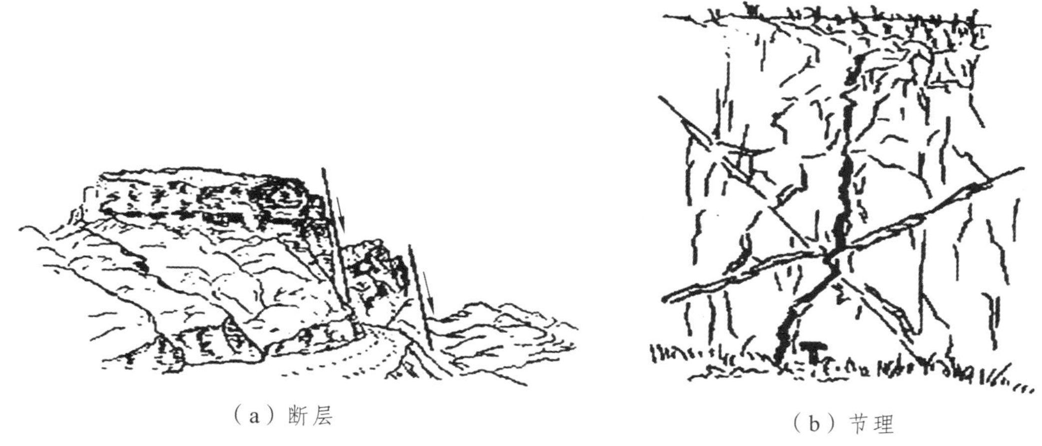

（a）断层　（b）节理

图 2.8　断裂素描图（据兰淇峰等）

（a）长江三峡地貌　（b）阶地地貌

图 2.9　地貌素描图（据李尚宽）

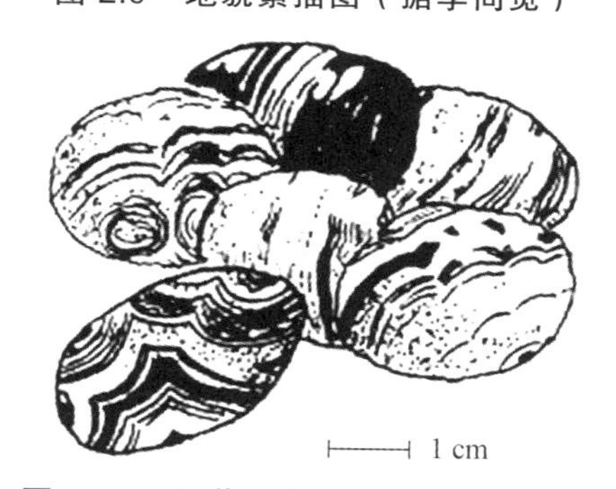

图 2.10　雨花石素描图（据李尚宽）

2.2.3　岩石的野外观察

1. 岩性描述内容

各类岩石岩性野外观察的描述内容，一般包括：岩石名称、颜色（新鲜的、风化的）、结构与构造、坚硬程度、产状、岩相变化、成因类型、特征标志、厚度、地层时代及接触关系等。岩类不同，野外观察描述的侧重点也不同。

（1）沉积岩。

对沉积岩侧重研究沉积环境、沉积韵律、层面特征、层面构造和化石，并观察描述下列内容：

碎屑岩类：颗粒大小、形状、分选情况、矿物成分、胶结类型和胶结物成分，层理、层面构造和结核等。

黏土质岩类：矿物成分、结构、层面构造等。

化学和生物岩类：矿物成分、结晶情况、特殊的结构和构造、层面特征、喀斯特现象等。在水工建筑区，应着重观察软弱夹层（页岩、泥岩等）和夹泥层分布、厚度、层位、接触关系及性状等。

（2）火成岩（岩浆岩）。

对火成岩侧重研究其成因类型、产状、规模与围岩的接触关系，并观察描述下列内容：

侵入岩类：所处的构造部位，与围岩之间的穿插和接触关系，接触带特征等。

喷出岩类：喷出或溢出形式、环境，岩性、岩相的分异变化情况，原生和次生构造（如气孔状、杏仁状、流纹状）、原生节理以及与沉积岩的相互关系等。

在水工建筑区，应着重观察侵入体的边缘接触面，平缓的原生节理和软弱矿物的富集带；观察喷出岩的喷发间断面（蚀变带、风化夹层、夹泥层、松散的砂砾石层等），凝灰岩及其泥化情况，玄武岩中的熔渣、气孔等。

（3）变质岩。

对变质岩侧重研究其成因分类（正变质岩或副变质岩）、变质类型、变质程度和划分变质带、矿物成分、结构与构造等，并观察描述如下内容：

片麻岩类：片麻理构造，岩石的均一性和变化规律，软、硬矿物的含量及其风化特征。

片岩类：片理、原生层理、劈理的产状及其各自的发育程度，软、硬矿物特别是片状矿物的富集情况。

千枚岩、板岩类：原生层理，片状、板状劈开的情况，软化或泥化的情况等。

在水工建筑区，应着重观察软弱蚀变带及夹层（如云母片麻岩，云母、绿泥石片岩，滑石片岩等）、大理岩的溶蚀情况、岩脉穿插的特征以及动力变质带中的糜棱岩、断层角砾岩、碎裂岩等。

2. 成岩构造观察

（1）沉积岩的层理与层序观察。

在沉积岩地区，正确识别岩层层理和确定其层序是地质构造研究的基础。

① 层理的识别。层理主要是根据组成层的物质组分在垂直方向上的变化和存在层间界面两个特征来识别。物质组分的变化表现为：

岩石成分的变化，如不同成分的岩石相互成层，或单一成分岩石中的其他成分条带，或特殊岩类夹层。

岩石结构构造的变化，如在粒级地层中，每层底部颗粒粗、向上逐渐变细，砾岩中扁平的砾石呈带状排列，砂岩中云母片平行层理排列等。

岩石颜色的变化，不同颜色条带分布，也可指示层理的方向，尤其在页岩、板岩中，常由颜色和粒度的变化来显示层理，但需注意与岩石沿节理的次生变化所引起的颜色差异相区别。

岩层间的层面是沉积的间断面，所以在其上可见到许多层面特征，如波痕、泥裂、冲蚀沟槽等。

在识别层理时，还需注意到一些砂砾岩层中的大型斜层理，沿斜层理的细层也可以表现出物质组分上的变化，但要把这种斜的细层与真正大的层理相区别。此外，从宏观上观察还可发现，一般层理面延伸较远，连续性好，这可与一般节理面相区别。

② 层序的确定。对于地壳运动微弱的地区，岩层一般不会直立或倒转，在这种情况下，无疑下部岩层的时代相对较老，而上部岩层的时代相对较新；对于倾斜岩层来说，即顺其倾向方向岩层愈来愈新，这就是“倾斜法则”。但是，对于地壳运动强烈而使岩层发生直立甚至倒转的地区，就不能机械地用“倾斜法则”来判断层序了。尤其在缺乏化石的岩层中，则需利用各种原生构造（如粒级层理、斜层理、波痕、泥裂、冲刷印模等）来鉴别岩层的顶、底面，以确定层序关系。只有明确了层序，才能为分析褶皱形态和判别断层两盘相对动向提供可靠的依据。

粒级层理：粒级层理又称递变层理或粒序层理。其特点是在一单层内部（一般厚几厘米至几米），颗粒粒度从底至顶由粗逐渐变细，其间无明显界线。但是，在相邻两粒级层之间，其粒度或成分则截然突变。因此，根据其底粗顶细的粒度渐变特点，便可确定岩层的顶、底面如图 2.11（a）所示。

斜层理：根据顶截（即各细层理向上撒开与主层理呈角度相截）、底切（即各细层理向下收敛变缓与主层理相切）的特征，可鉴别岩层的顶、底面，如图 2.11（b）所示。

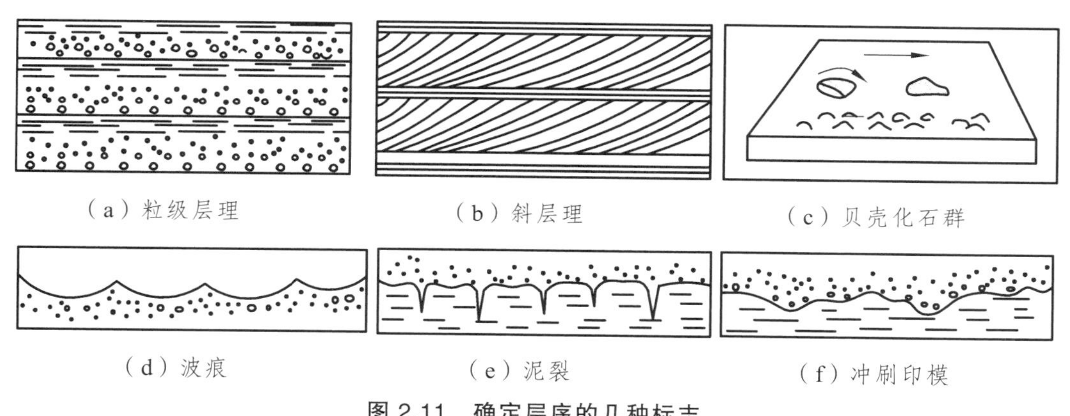

（a）粒级层理　（b）斜层理　（c）贝壳化石群

（d）波痕　（e）泥裂　（f）冲刷印模

图 2.11　确定层序的几种标志

波痕：根据浪成波痕的波峰总是朝上顶面，圆弧形波谷常有较粗颗粒且凸向底面这一特征，可较可靠地确定岩层的顶、底面，如图 2.11（d）所示。

泥裂：以泥裂楔形尖端指向岩层底面为据，判定岩层底面的位置，如图 2.11（e）所示。

冲刷印模：以凹痕所在的层面为顶面，或以印在上覆岩层底面的凸痕为据，可确定岩层的顶、底面，如图 2.11（f）所示。

此外，还可利用贝壳化石群的凸面多指向岩层的顶面予以确定。因为在水流或波浪作用下，当贝壳凸面朝上时，其位置才比较容易稳定的缘故，如图 2.11（c）所示。

（2）火成岩的原生构造观察。

火成岩的原生构造是指岩浆侵入或喷出活动过程中产生的流动构造和原生节理。在岩浆早期冷凝时形成原生流动构造，在晚期冷凝时则形成原生节理。

① 侵入岩的流动构造和原生节理。

在岩浆侵入围岩开始冷却时，由于岩浆内部已有先期结晶的矿物颗粒、析离体及围岩的捕虏体等固体物质，它们受岩浆流动影响而发生定向排列，形成面状流动构造（流面）和线状流动构造（流线）。

流面：是由板状或片状矿物（如长石、云母）、扁平状的析离体及捕虏体在岩浆流动过程中，顺应流动面方位平行排列而形成的面状流动构造。常见于侵入体的边缘和顶部。因为在侵入体边缘，由于岩浆的差异运动特别显著，而有利于流面的形成，其方位大致平行于接触面，如图 2.12（a）所示；在侵入体顶部，由于岩浆向上运动产生的挤压力作用，迫使板状矿物、扁平状析离体和捕虏体转动到与挤压力垂直的位置，即平行于顶部接触面位置才稳定，因而形成的流面构造也大致平行于顶部接触面，见图 2.12（b）。

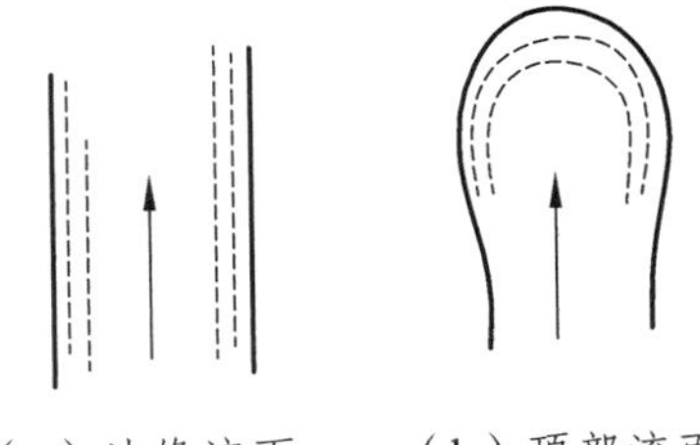

图 2.12 侵入体流面方位

流线：是针状或柱状矿物（如角闪石、辉石、长石等）及纺锤状的析离体和捕虏体的长轴定向排列而形成的线状流动构造。其形成条件与流面相同。因此，流线也多发育于侵入体的边缘及顶部。

野外观察原生流动构造，有利于确定岩浆运动的特点和恢复其空间状态。由于流面平行于侵入体与围岩的接触面，因此可以根据流面的产状恢复接触面的方位，根据流线的方位可以判断岩浆流动的方向。

侵入岩的原生节理在岩基或较大岩株的顶部或边缘处均可见到，通常可发现四组原生节理（即横节理、纵节理、层节理和斜节理）。

② 喷出岩的层状构造和原生节理。

层状构造：喷出岩的层状构造不仅表现在火山物质间歇性喷发形成的层层叠置和喷发物质自上空下落时的重力分异形成的粗细分层上，而且还表现在各次喷发单层内部具有大致沿一定方位（通常与单层上下界面一致）分布的各种成层构造，如流纹、流面、气孔与杏仁构造等。

原生节理：包括柱状节理等。柱状节理的形成与熔岩流冷凝收缩有关，熔岩流动面即为冷凝面。在一个冷凝面上，熔岩围绕若干冷缩中心冷凝收缩，从而在两个相邻冷缩中心连线上产生张应力，柱状节理就是一系列垂直于若干张应力的方向上形成的张节理。从理论上讲，一个冷凝面上各相等的张应力的解除，是通过三组彼此呈 120°交角的无数规则分布的张节理的形成而实现的。因此，柱状节理的横切面应为等六边形，如图 2.13 所示。但实际上对玄武岩柱状节理边数的统计表明，平均边数为 5.23 ~ 5.66，也就是说以五边或六边形居多。在野外，可利用柱状节理产状确定熔岩流动面的产状。

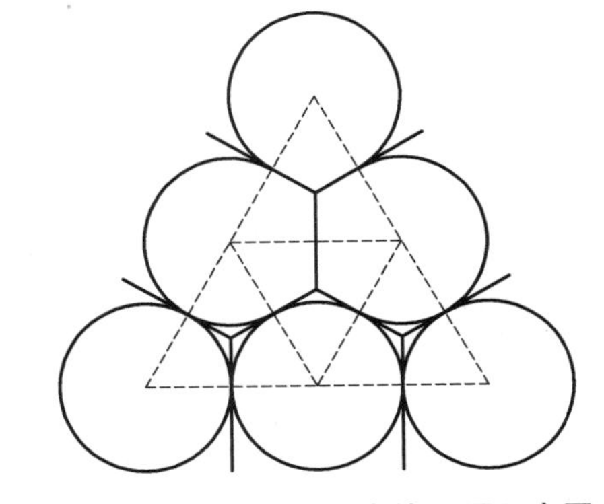

图 2.13 柱状节理形成的平面示意图

（3）变质岩的片理观察。

变质岩的片理等定向构造，往往是继承原岩层理而来的。根据野外观察得知，许多情况下，变质岩的这种定向构造，其展布方位通常在一个较大的范围内显示出良好的一致性。但是，发育于板岩、千枚岩、片岩分布区和构造岩地区的次生的劈理、片理及变质条带构造，却与原岩的层理现象有明显的不同。首先这些次生的劈理、片理构造与层理常有一定的交角，交角的大小与所处的构造部位有关，位于褶皱构造转折端，这些次生的构造与层理几乎直角相截，而位于褶皱两翼时二者几乎平行；其次，劈理、片理发育的变质岩具有明显的动力变质现象，如有时形成糜棱岩等。

2.2.4　地质构造的野外观察

1. 褶皱观察

褶皱野外观察的基本任务是：查明褶皱的三度空间形态及其分布规律，研究褶皱与其次一级构造的内在联系及确定褶皱的形成时代。

（1）褶皱形态的判别方法。

① 一般性的判别方法与步骤。根据地层分布规律，判别褶皱的基本形态。

首先依据古生物化石和岩性特征，确定地层时代，查明地层新老顺序，并横穿地层走向进行观察，以判明褶皱存在与否；依据中心和两侧地层的新老关系和对称重复出现的特点，以确定属背斜还是向斜褶皱。其次，依据两翼岩层产状，判明褶皱的剖面形态（如直立、倾斜、倒转等）。再次，依据枢纽产状，判明褶皱的平面形态（如水平褶皱或倾伏褶皱）。

② 利用原生构造（粒级层理、斜层理等）判别层位倒转与否，如图 2.14、图 2.15 所示。

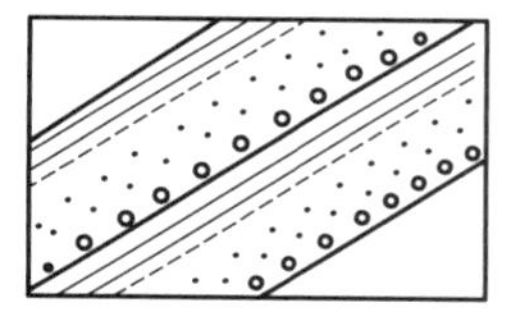

（a）倾斜岩层

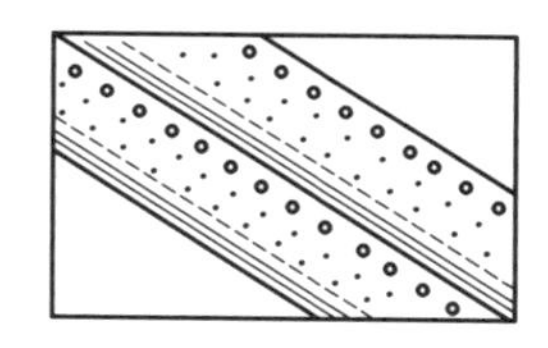

（b）倒转岩层

图 2.14　根据粒级层理判别

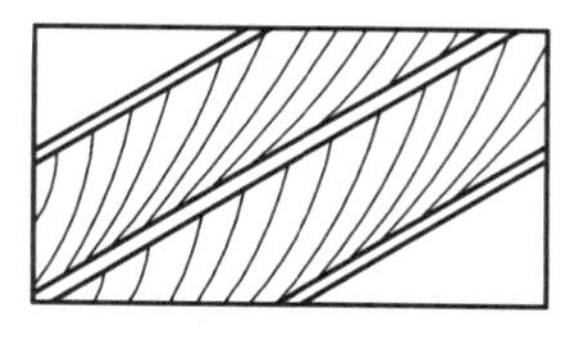

（a）倾斜岩层

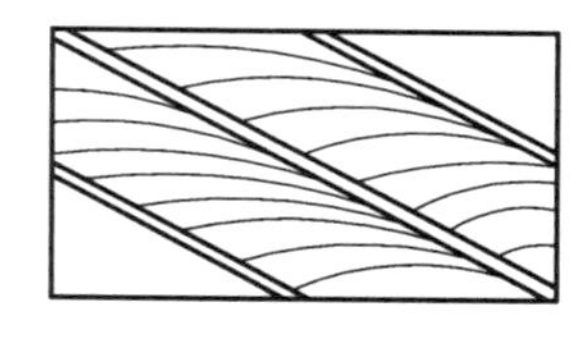

（b）倒转岩层

图 2.15　根据斜层理判别

③ 利用褶皱内部次一级构造判别。组成褶皱的岩层在变质过程中，伴生或派生出来的许多次一级小构造如层间小褶皱、断层、节理、劈理等，它们均呈有规律地分布于褶皱构造的一定部位，与大褶皱在成因上、几何上有密切联系。

层间小褶皱：在稍复杂的褶皱中，翼部和核部经常发育一些次一级、从属的层间小褶皱，特别在浅变质岩地区尤为明显。从属的层间小褶皱在大褶皱的不同部位具有不同的特征：位于翼部的层间小褶皱通常为不对称的，与大的层理（或层间小褶皱的包络面）产状较接近的一翼变得长而薄，另一翼则短而厚。在正常层位的情况下，这些小褶皱轴面的倾角一般大于层理的倾角，如图 2.16（a）所示；在倒转层位的情况下，小褶皱轴面的倾角则小于层理的倾角，如图 2.16（b）所示。据此，可判明岩层的顶、底面位置。小褶皱的轴面与包络面所夹的锐角，一般指示相邻岩层或岩块的运动方向（如图 2.16 箭头所示），然后运用上层逆坡滑动、下层顺坡滑动的“层间滑动规律”，也可判定地层层序的正常与否。根据这些关系，层间小构造可用来确定大褶皱中岩层的相对位置方向和向斜、背斜的位置。

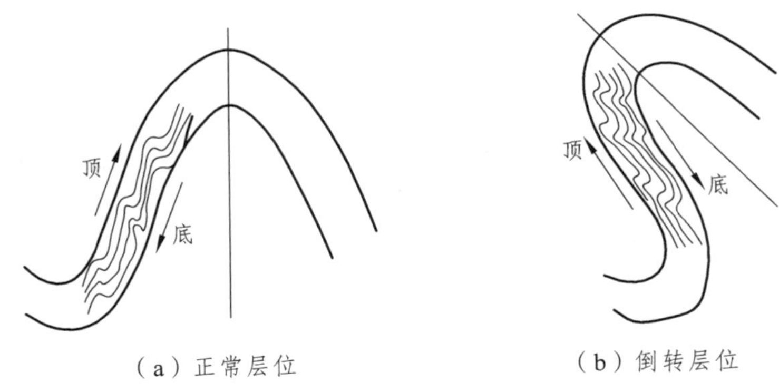

（a）正常层位　　（b）倒转层位

图 2.16　根据层间小褶皱确定层位的顶、底面

节理或小断层：在褶皱形成过程中，伴生或派生的一系列节理或小断层，它们的分布和方位反映了褶皱形成的应力场或褶皱内部的派生应力场。如背斜顶端的纵张节理常呈扇形分布，由外向内呈楔形，与层面垂直，见图 2.17（a），反映背斜形成时顶部派生的平行层面的拉伸；其与层面的交线通常与褶皱枢纽平行，反映变形时的中间应变轴。在转折端岩层略有变厚现象的褶皱中，见图 2.17（b），位于转折端两侧翼部的纵张节理，可能与层面斜交，其与上层面相交的锐角指向背斜顶部。位于翼部的脆性岩层中，常发育一组纵向剪节理，亦可指示层间错动的方向，见图 2.17（c）。

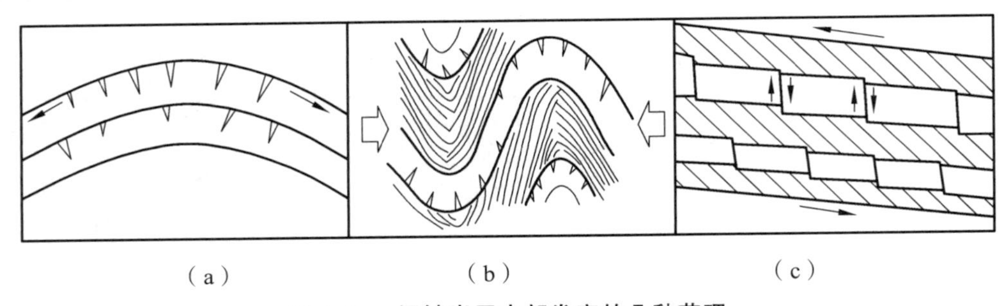

（a）　（b）　（c）

图 2.17　褶皱岩层内部发育的几种节理

劈理：根据层间劈理与层理的锐交角一般指示相邻岩层的运动方向原则和“层间滑动规律”，可确定岩层的层序，进而判定背斜和向斜的位置，如图 2.18 所示。

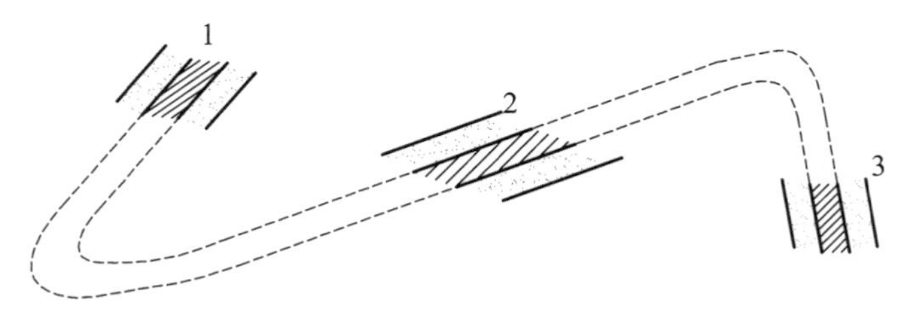

图 2.18　劈理与层序和褶皱的关系

1—倒转层序（背斜在左，向斜在右）；2—正常层序（向斜在左，背斜在右）；
3—正常层序（背斜在左，向斜在右）

（2）褶皱形成时代的确定。

褶皱的形成时代，主要是根据地层接触关系即角度不整合接触关系来确定的。一般说来，不整合面下伏最新地层之后，上伏最老地层之前，就是褶皱形成的时代。因此，识别地层间的角度不整合接触关系，便成为确定褶皱形成时代的关键。

地层角度不整合接触关系可从以下几方面识别：

① 在区域性范围内，上下两套地层间缺失了某些地层而造成地层时代上的不连续，说明有过沉积的间断。

② 不整合面是一个古大陆剥蚀面，因此上下两套地层间应有一个较平整的或高低不平的剥蚀面。下伏地层顶部可能保存古风化壳；上伏地层底部常有下伏地层的岩石碎块、砂砾等，形成底砾岩。

③ 特别应注意不整合面上下岩层的产状明显不同，下伏岩层与不整合面形成交角，而上伏岩层则与不整合面相平行。这样，上下两套地层所表现的构造形态或构造线方向就截然不同。

④ 上下两套地层间的变质程度常有明显差异。此外，还可利用火成岩的穿插关系予以间接判定。

2. 节理观察

（1）节理力学性质的判别：节理力学性质的判别，通常是根据节理面的野外特征进行的。

① 张节理。张节理是由张性破裂而产生的。其两侧岩块在垂直破裂面的方向上有微量的相背位移；裂面张开，粗糙不平，是地下水的通道和储存场所，也可为后期次生矿物所充填，如石英脉、方解石脉等。

发育在砾岩中的张节理，常绕砾石表面而过，一般不切穿砾石，如图 2.19（a）所示。节理产状不稳定，在平面上呈锯齿状延伸，如图 2.19（b）所示，且沿节理走向延伸不远即告消失。在剖面上一般上部壁距较宽，向下呈楔形逐渐消失，如图 2.19（c）所示。有时张节理形成“雁行”斜列，据此可判断其形成时力的扭动方向，如图 2.20 所示。

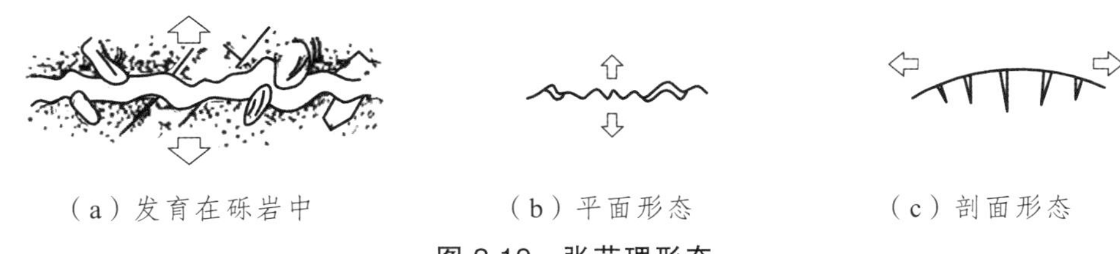

（a）发育在砾岩中　（b）平面形态　（c）剖面形态

图 2.19　张节理形态

野外观察和实验表明，在下列情况下均可形成张节理：

a. 当岩石受到拉伸，主张应力超过岩石的抗张强度时，按最大张应力理论，岩石在与主张应力垂直的面上裂开，形成张节理。

b. 岩石在一个方向上受压并在此方向上缩短，按泊松效应，在与主压应力垂直的横向上应当伸长；当横向伸长超过一定限度时，按最大线应变理论，岩石裂开，形成与岩石受压方向相平行的张节理。

c. 岩石受到剪切，就相当于与剪切方向大体呈 45°交角的方向上受到拉伸，在与拉伸相垂直的方向上便可产生张节理。这种张节理常在剪切带中或断层面两侧呈“雁行”排列，称为羽状张节理。

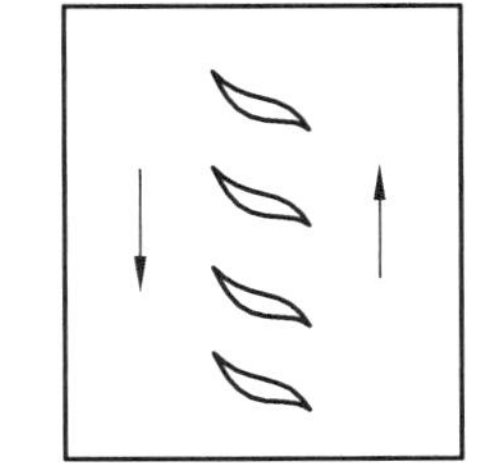

图 2.20　“雁行”张节理

② 剪节理。剪切节理是由剪破裂而产生的，沿剪裂面发生一定量的相对位移。因此，节理面多为紧闭、平直，节理面上有时可见到擦痕或磨光面。发育在砾岩中的剪节理，常切过砾石，形似刀切，如图 2.21 所示。

图 2.21 发育在砾岩中的剪节理

剪节理的产状较稳定，平面上呈直线延伸，一般延伸较远。常形成共轭的“X”形节理，如图 2.22 所示。图中指示了形成剪节理时的主压应力的作用方向。

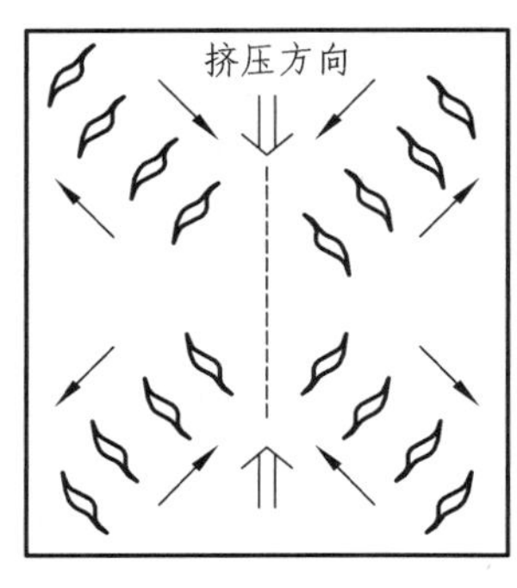

（a）未发育的潜在剪节理

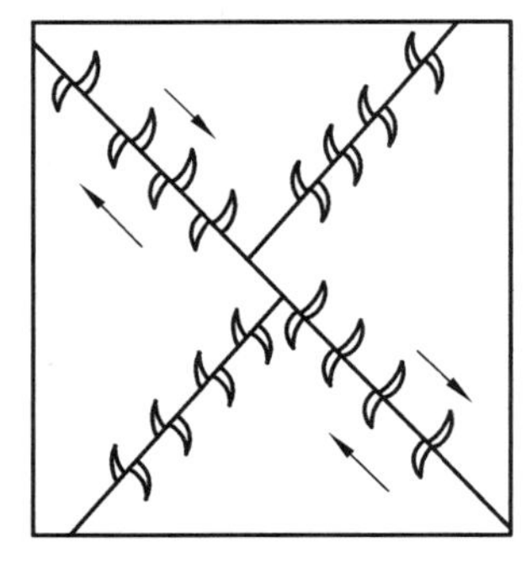

（b）已发育的共轭剪节理

图 2.22 两组共轭剪节理

（2）节理统计：为了评价水工建筑物地区岩体的完整性和稳定性，需选择有代表性的地段（如坝肩、边坡等）进行详细的节理统计，然后编制出各种节理统计图，计算节理密度和裂隙率。

（3）节理的测量。节理测量与描述内容，见表 2.2。

表 2.2 节理野外测量记录表

观测点位置： 地层岩性及时代：

测量面积： 岩层产状：

编号	节理产状			长度	宽度	充填情况	力学性质	备注
	走向	倾向	倾角					

为了达到统计目的，测量面积的大小视节理的密度而定。一般情况下，一组节理能测到 50 ~ 60 条产状，就有较好的统计效果。

（4）节理统计图的编制。水利水电工程地质勘察中，常用的节理统计图有玫瑰花图、极点图等。下面将分别介绍这两种图的编制方法与步骤。

以最常见的“走向玫瑰花图”的编制为例。首先，资料整理，将测点上所测的节理走向统统换算成 NE 和 NW 向，按走向方位大小、依一定间隔（一般采用 5°或 10°为一间隔）分组，如按 10°分隔，则分成 1° ~ 10°，11° ~ 20°，…统计每组节理条数及算出平均走向。这样，资料便整理成如表 2.3 所示。

表 2.3　杏花峪水库 5 号观测点节理统计资料整理

方位间隔		节理条数	平均走向	方位间隔		节理条数	平均走向
NE	0°~10°	6	6°	NW	271°~280°	2	280°
	11°~20°	10	18°		281°~290°		
	21°~30°	5	23°		291°~300°	4	295°
	31°~40°	4	33°		301°~310°	5	303°
	41°~50°				311°~320°	7	314°
	51°~60°				321°~330°	6	324°
	61°~70°	4	63°		331°~340°		
	71°~80°	6	74°		341°~350°		
	81°~90°	4	83.5°		351°~360°	5	352°

其次，确定作图比例尺。按作图大小和最多那一组节理的条数，选取一定长度的线段作为一条节理的线条比例尺，然后以等长或稍长于按线条比例尺表示最多那一组节理条数的线段长度为半径，作一个上半圆，通过圆心画出 E、W、N 三个方向，并标出方位角，如图 2.23 所示。

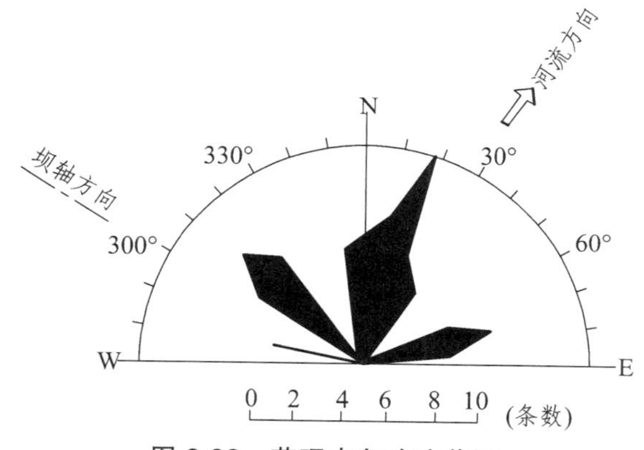

图 2.23　节理走向玫瑰花图

再次，定点连线。从 1°~10°第一组开始，依次将各组平均走向方位角记在半圆周上，再从半径方向按该组节理条数线段比例找出一点，此点即表示该组节理平均走向和条数。待备组的点确定之后，依次将相邻组的点折线连接。当其中某一组无节理时，应将连线折回圆心，然后再从圆心往下一组的点相连（最好边找点边连线）。

最后，写上图名，标出线段比例尺。必要时画出河流流向和主要建筑物（如坝轴线等）方位，以便分析评价节理对水工建筑物的影响。

节理走向玫瑰花图是节理统计成果极为形象的表示方式，其作法简便，能形象醒目地反映出主要节理的走向，但不足的是不能反映其倾向和倾角，且走向还是平均值。节理极点图通常利用极等面积投影网（图 2.24）作图。圆的圆周方位表示节理倾向，由 0°~360°；半径方向表示倾角，由圆心到圆周为 0°~90°。作图时，根据节理的倾向、倾角投影。如一节理倾向 NE20°，倾角 70°，则圆中圆心即代表该节理的产状。若产状相同的节理有数条，那么，在点旁注明条数，如图中 *b* 点 2。把观测点上全部节理都分别投影成极点，即成为该观测点的节理极点图。此外，图中还可采用不同符号以表示不同力学性质或不同充填情况的节理。

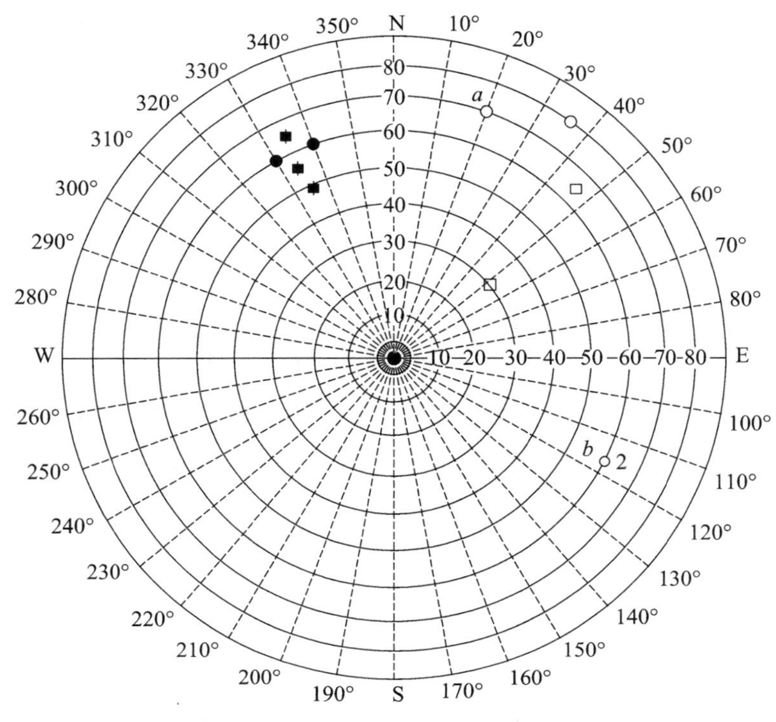

图 2.24 极等面积投影网

°—张节理；·—剪节理

该图的优点是制作方法简便，所表示的各条节理的产状确切，图中极点密集的部位尚能定性地反映观测点上节理发育的主导（优势）方位，对不同力学属性或充填情况的节理能予以区别。

（5）节理密度和裂隙率的计算。在工程地质勘察中，除用前述节理统计图件分析节理的发育和分布规律外，通常还计算节理密度、裂隙率等量化指标。

节理密度是指垂直于节理走向方向上，单位长度内的节理条数（条/m），表示线密度。

裂隙率是指岩石（或岩体）中裂隙面积与统计面积之比值，用百分数表示。其表达式为：

$$K=\frac{\sum lb}{A}\times 100\% \tag{2.2-1}$$

式中 K——面积裂隙率，%；

l——裂隙长度，m；

b——裂隙宽度，m；

A——统计面积，m^2。

3．断层观察

（1）断层带的观察：断层带一般包括三部分，如图 2.25 所示。

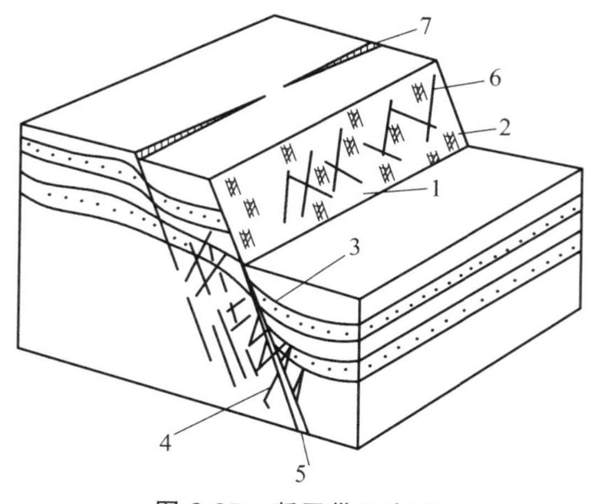

图 2.25　断层带示意图

1—主断层面；2—擦痕；3—牵引现象；4—羽状张节理；5—角砾岩；6—节理；7—次一级断层面

① 断层面（剪切面）。主要观察主断层面上的擦痕、阶步等特征，测量其产状。

擦痕常表现为一组彼此平行而且比较均匀、相间排列的脊和槽；有时可见到擦痕沟槽的一端粗而深，另一端细而浅；在脆性岩石中，有的擦痕面被摩擦得光滑如镜，其上常有数毫米厚的铁质或钙质动力薄膜；断层面上有时可见到纤维状晶体，如砂岩断层面上的纤维状石英晶体，石灰岩断层面上的纤维状方解石晶体，它们都是在断层发生和发展过程中由于两盘相对摩擦时生长的晶体，并具有纤维状，许多擦痕其实就是这种纤维状晶体。

阶步的坎高一般不足一毫米至数毫米。它们是顺擦痕方向因局部阻力的差异或因断层间歇性运动的顿挫而形成的。

② 挤压部分。包括断层角砾岩、糜棱岩、片状岩等构造岩、牵引现象及构造透镜体的观察。

断层角砾岩纯属机械破碎产物，后经外来物质（如地下水循环带来的铁质、钙质、硅质等）充填和胶结而成，在结构上不同于原岩。

糜棱岩、片状岩不仅结构上不同于原岩，发生了不同程度的重结晶或定向排列，而且在矿物成分上也发生了变化。

构造透镜体是发育在断层带中规模不等但具一定方向排列的透镜状岩块。它是断层形成时由于挤压作用产生的两组共轭剪节理把岩石切割成菱形块体再进一步挤压而形成的（图 2.26）。透镜体的表面常因岩块间的相互挤压、滑动而留下擦痕。

③ 拉伸部分。观察断层面附近的羽状张节理及其岩脉充填情况。

羽状张节理的排列与主断层面（带）斜交，愈近断层面，其裂口愈大，呈不规则楔形（图 2.25），往往在断层主动盘一侧发育较好。

（2）断层两盘相对运动方向的判别。

① 根据擦痕、阶步、纤维状晶体判别。擦痕沟槽从粗而深的一端向细而浅的一端，通常指示对盘的运动方向。

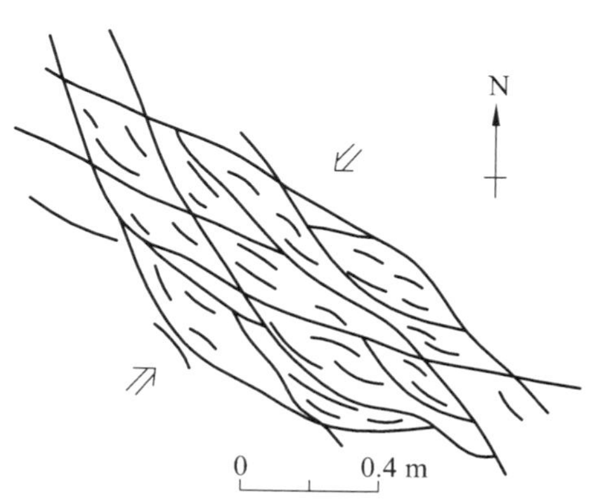

图 2.26　构造透镜体平面素描图
（据俞鸿年等）

阶步陡坎面的倾向（即用手抚摸擦痕面时感觉顺手的方向），指示对盘运动方向，如图2.27（a）所示，这种阶步称为正阶步。但有时也会出现相反的阶步，即阶步陡坎面逆向对盘的运动方向也就是用手抚摸时感觉刺手的方向指示对盘的动向，故称反阶步。这种阶步的陡坎为早期发育的剪羽裂所形成，如图2.27（b）所示，或晚期伴生发育的雁列张节理所形成，如图2.27（c）所示。

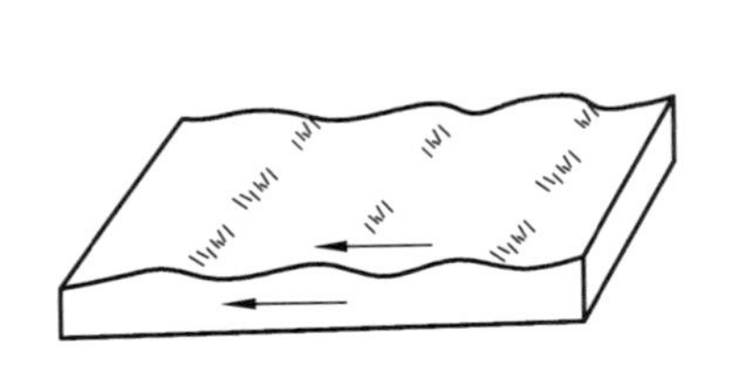

（a）正阶步

（b）

（c）

（b）、（c）反阶步；箭头表示本盘的动向

图2.27　正阶步与反阶步

纤维状晶体也可指示断层两盘的相对动向，即纤维状晶体的垂直陡坎面朝向对盘的运动方向（见图2.28）。

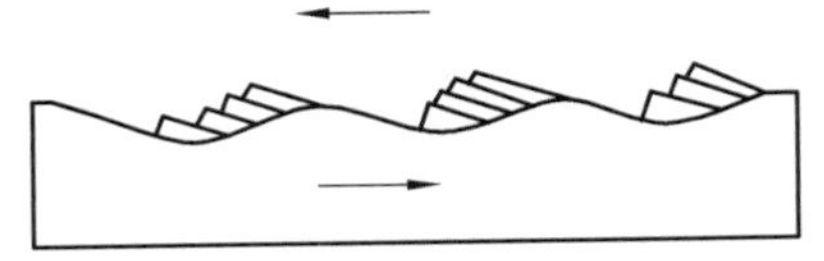

图2.28　纤维状晶体的垂直陡坎面（朝向对盘的动向）

② 根据牵引现象判别。断层附近的岩层因受断层摩擦力的拖曳而产生了弧形弯曲，弯曲的突出方向一般指示本盘的动向（见图2.29）。

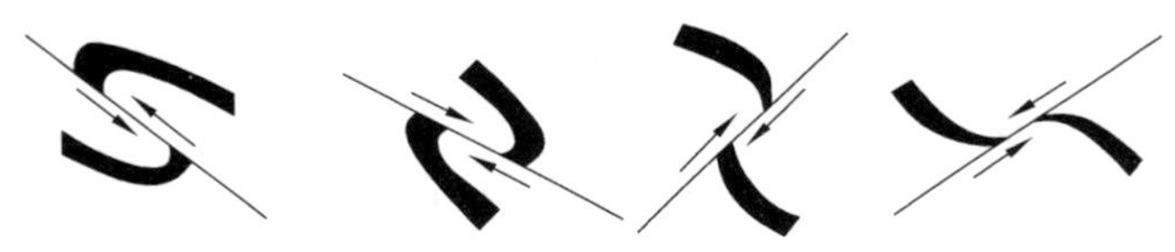

图2.29　断层牵引现象（其突出方向指示本盘的相对动向）

③ 根据构造透镜体判别。根据构造透镜体的 *AB* 面（即压性结构面）与断层边界面的相对产状关系，可以判别断层两盘的相对动向。从剖面上看，当透镜体 *AB* 面的倾角小于断层面倾角时，*AB* 面与上盘所交锐角指示上盘相对下滑，为正断层，如图2.30（a）所示；当透镜体 *AB* 面倾角大于断层面倾角时，其锐角指示上盘相对上移，为逆断层，如图2.30（b）所示。同样，在平面上观察时也可用此法来判定平移断层两盘的相对运动方向。

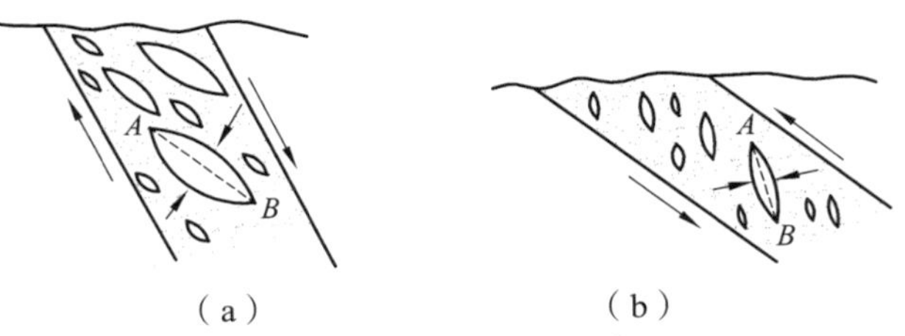

（a）　（b）

图2.30　构造透镜体的应力状态与两盘相对的动向（虚线表示透镜体的 *AB* 面；小箭头表示透镜体的最大压应力方向）

④ 根据羽状张节理判别。由断层派生的羽状张节理、两组剪节理、小褶皱与主断层的关系（图 2.31）。羽状张节理（T）与主断层面（F）所夹的锐角指示本盘动向。派生的两组剪节理有一组（S_1）与主断层（F）成小锐角相交，小锐角指示本盘运动方向。派生的小褶皱轴（D）代表派生应力场的压性结构面，它与主断层（F）所夹的锐角则指示对盘的运动方向。

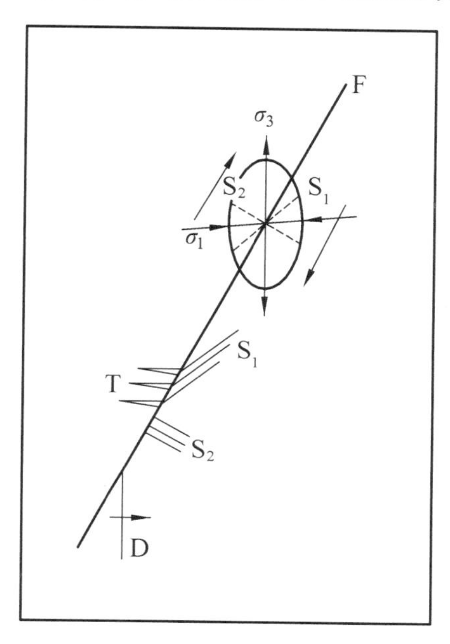

图 2.31　平移断层的派生应力场及其派生的节理和褶皱轴

F—主断层；σ_1，σ_2—派生的最大、最小应力轴；T—派生的张节理；S_1，S_2—派生的两组剪节理；D—派生的小褶皱轴

根据断层两侧地层的新老关系或地层出露宽窄的变化判别。对于走向断层(或称纵断层)，地层时代老的一侧一般为上升盘，唯有当地层倒转或断层倾向与岩层倾向相同且断层倾角小于岩层倾角时例外，即老岩层一侧为下降盘。对于横断层，当断层横切褶皱核部时，位于背斜核部的地层变宽的一侧为上升盘；位于向斜核部的地层变窄的一侧为上升盘。

2.2.5　地貌及第四纪地质调查

1．地貌调查

地貌调查就是通过对地表形态及其组成物质进行实地测量与分析，从而确定地貌的成因类型及其作用过程。下面就地貌单元划分、地貌调查的基本工作方法以及对河流、喀斯特、黄土地貌进行调查等问题，作扼要介绍。

（1）地貌单元的划分。

目前地貌单元的划分，一般按中科院地理所编制的《中国 1∶100 万地貌图规范》采用的“地形-成因”分类法，即按地貌展布规模大小及主从关系，依次逐级划分的方法。这套分类系统共划分五个等级：

第一级，以现代海岸线为界，划分为陆地地貌和海底地貌两大类。

第二级，以大范围内力地质作用为主所形成的地貌类型。如在陆地地貌中，主要是指由新老构造运动控制的大地构造地貌类型，如山地、丘陵、平原、谷地等。

第三级，在陆地地貌中，指某一具体引力作用为主所形成的地貌类型。主导外营力可分为流水、湖成、风成、黄土、喀斯特、冰川等。

第四级，在第二级和第三级类型中，可组成若干基本的内力和外力共同作用形成的形态类型，如洪积平原、冲积平原、湖积平原、冰积平原等。

第五级，在第四级的基础上按地表形态进一步划分出次一级类型，如平坦的洪积平原、起伏的洪积平原等。表 2.4 是以流水地貌为例，列出这套分类法的五个等级。

表 2.4 平原流水地貌分类等级

第一级	第二级、第三级	流水地貌	
		第四级	第五级
陆地	平原	三角洲平原	
		冲积平原	河漫滩、河流低阶地 平坦的冲积扇平原 倾斜的冲积扇平原 古河流高地、古河道漫滩
		洪积冲积平原	平坦的洪积平原 倾斜的洪积平原 起伏的洪积平原 洪积扇
		河谷平原	

注：据《中国 1∶100 万地貌图规范》，略有删节。

（2）地貌调查的基本工作方法。

地貌调查所采用的方法有分析法（包括形态分析、沉积物相分析、动力分析）、实验法及遥感遥测技术应用等。在这些方法中，形态分析和沉积物相分析是地貌调查的基本方法。

① 地貌形态的观察与描述。各种地貌都有各自独特的形态。形态分析法是从地貌形态特征判别地貌单元，并从各单元之间的联系和依存关系，揭示地貌的形成与发展规律。具体的做法是观察描述各地貌单元的形态，并尽可能直接测量其形态要素（包括长度、宽度、相对高度、坡度等），用文字和图表予以记录，必要时辅以摄影和素描等手段。地貌形态的观察与描述，可从定性和定量两方面进行。

形态特征的观察描述（定性方面）：首先分清不同级别的观察对象，如果观察对象是低级别，只是单纯观察地形基本要素，则着重描述其几何形态；如果观察是地貌形态组合（如山地、丘陵、盆地、平原等），则着重分析、比较它们的地面起伏、平面形状和空间分布，并找出各类地貌形态的分布界线。

形态测量（定量方面）：通常采用皮尺、地质罗盘、手水准、气压高度表等工具对地形的高度和坡度进行测量。不同地貌形态之间的相对高度和地形切割深度要用剖面图反映出来。有的形态特征数据亦可从新近出版的地形图上量得。

② 地貌沉积物的观察与描述。对于基岩露头，应观察岩性、地质构造及它们与地貌的关系；对于第四系松散堆积物露头，因其与现代地貌关系密切，一般应从上而下逐层详细观察描述堆积物下列内容：

剖面位置：包括平面位置和高程。

颜色：观察时尽量选择干燥而新鲜的剖面，分清原色还是次生色。

结构：主要包括粒径、岩性组合和磨圆度等。

构造：通过观察产状、成分和结构特征，确定层理类型。

成因：根据成分、结构和构造，并结合所处的地貌部位和含化石等特征进行综合分析确定。

为了反映地貌发育过程和各地貌单元之间的接触关系，最好编制地貌信手剖面图（图 2.32）或实测剖面图。

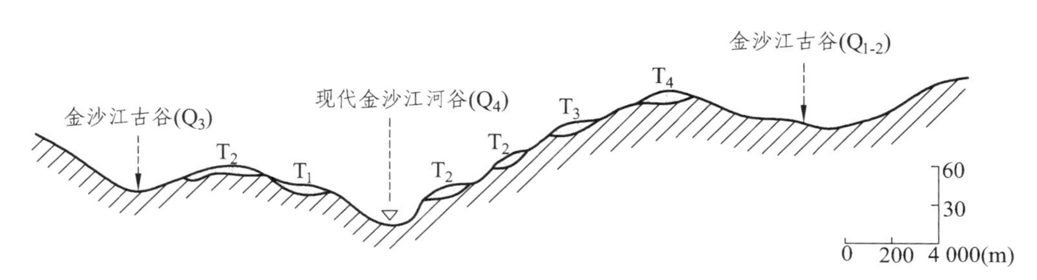

图 2.32 信手剖面图

（3）河流地貌调查。

河流地貌调查主要是通过河谷纵、横剖面观察研究，了解河流的发育与演变过程。调查时，应特别注意河谷地貌的地区特征。

① 河谷横剖面的观察。河谷横剖面的基本形态是峡谷和宽谷。宽谷，谷底宽阔，其上河漫滩、阶地发育。观察阶地是河流地貌调查的重点。

阶地的主要特征是：阶面平整，一般微向河床及下游方向倾斜；阶坡为向河床倾斜的陡坡，同级阶坡的相对高度变化不大。由于阶地形成后不断受到后期的侵蚀破坏作用，因此，凡形成愈早的阶地，其保存愈不完整，只能靠零星的遗迹予以推测；相反，近期形成的一级阶地，就保存相当完整。阶地调查，一般需观察下列内容：

- 阶地的级数及其分布高程；
- 各级阶地的形态特征（阶面的相对高度、长、宽、坡向、坡度，阶面起伏情况，切割深度等）；
- 阶地的地质结构（组成物质、岩性、厚度）与类型，并分析其成因；
- 阶地的水文地质条件等。

② 河谷纵剖面的观察。河谷或河床的纵剖面线是一条上游陡、下游平缓呈波状起伏的曲线。在基岩河床中，可能出现岩坎、险滩、瀑布、深槽和深潭等一系列微地形。由冲积物组成的河床纵剖面，深槽与浅滩常交替出现，成为河床中最基本的微地形。浅滩为河床底部由冲积物堆积而成，如边滩、心滩、江心洲等，形成河床中的浅水区；浅滩与浅滩之间的河段为深槽，则形成深水区。

③ 观察时注意河谷地貌特征在地区上的差异大。

平原地区：平原区河谷特点是谷宽相对高差小，河床蜿蜒曲折。由于河床不断接受堆积，淤积抬高，可能出现河床高于两岸平原的异常情况。由于河床纵剖面坡降小，其下切能力微弱，侧向侵蚀显著，致使河床侧向移动而形成河曲，这是平原区河谷地貌的显著特征。

山区：山区河流的展布与地质构造的关系十分密切，一般都沿构造薄弱带（断层带、褶曲轴部、软弱岩层、构造谷地或盆地等）发育；河谷在其发育过程中，始终保持其与地质构造相适应的基本格局。山区一般为地壳上升区，随着地壳上升，河流相对下切，河谷的主要特征是谷深、宽度小，横剖面呈“V”字形或狭长的“U”字形，纵剖面坡降大，呈阶梯状（或称裂点）。

干旱或半干旱地区：河流大多属内流型。没有经常性流水，即使常年有水的大河，水流亦具有明显的间歇性洪流性质。河流地貌表现出暂时性流水作用的特征，其主要地貌单元有干冲沟、冲积锥、洪积扇及洪积平原。

（4）喀斯特（岩溶）地貌调查。

喀斯特地貌按其分布位置和生成条件，可分为地表的和地下的两大类。地表喀斯特地貌常见的有：溶沟、溶隙、漏斗、落水洞、溶蚀洼地、溶峰（孤峰、峰林、峰丛）和溶牙（石芽、石林）等；地下喀斯特地貌主要的有：溶洞、坡谷暗河等。前者为地表水及地下水共同对可溶岩溶蚀形成；后者为地下水对可溶岩溶蚀而成。地表的与地下的喀斯特地貌之间，在成因上有着密切的联系，它们是同一过程在可溶岩岩体的表里作用的不同结果，因此形态上往往是相互关联的。

喀斯特地区的河流分属地表水系和地下水系。由于岩溶作用过程的破坏，地表水系多为盲谷和干谷。盲谷是流水从落水洞转入地下，以致河谷突然中断；干谷是河床底部发育落水洞，将水流截走而使下段河床干涸，转入地下的河段成为伏流。地下水系以溶洞为通道者称为地下暗河，它具有独特的径流、补给和排泄条件。暗河的发育与溶洞直接相关，溶洞是集中岩溶水流的通道，仅在地下水位下降后，才成为干洞。

对于水电工程，特别是存在渗漏和稳定问题的喀斯特地区，应突出调查下列内容：

① 可溶岩的分布、岩性、产状、化学成分、喀斯特发育程度和特点。

② 各种喀斯特地貌形态的位置、高程、分布情况、形态特征，组合形式、规模及类型。

③ 洞穴调查。洞穴位置，洞口、洞底高程，所在层位、岩性和构造情况，洞穴纵、横剖面的形态特征，延伸和变化情况；洞穴地下水状态，充填情况、堆积物性质及洞室的稳定性；各种洞穴的数量、密度和成层等空间分布规律；必要时结合具体情况做连通试验，了解洞穴的垂直、水平方向的连通情况；对地下暗河则着重测定其流量和流速。

④ 各类喀斯特泉的出露位置、高程及所在的层位与岩性，通过流量测定，长期观测，连通试验或访问，了解其性质、动态和水力联系。

⑤ 在库区，当可溶岩分布延伸至邻谷或下游时，必须把调查范围扩展到相应的地区。除对各种喀斯特现象和喀斯特泉进行调查外，对可疑的渗漏地段，还应结合水文测流，了解其渗漏情况。

通过上述内容的调查与分析，可初步阐明该地区喀斯特的发育规律，并对工程地段的渗漏性和稳定性作出初步评价。

黄土地貌是我国西北地区的主要地貌景观。当地水利水电工程建设和黄河的综合治理与开发，都与黄土地貌及黄土的工程特性密切相关。这里就黄土地貌调查的内容和黄土湿陷性的初步判别作简介。

（1）黄土地貌调查的主要内容。包括查明黄土的岩性、成因，土层厚度，了解地层划分；通过调查沟谷切割基岩露头的高度变化、堆积面的微地貌变化及沟谷水系的分布状况，间接推测黄土堆积前的古地貌特征；调查新构造的性质；从地貌类型的分布及其形态特征，分析现代地貌发育的营力、强度和趋势。

（2）黄土湿陷性的初步判别。黄土湿陷性是黄土地区主要的工程地质特性。所谓黄土湿陷性是指黄土在一定压力作用下，受水浸湿而发生的显著的附加下陷的特性。调查研究黄土湿陷性，是黄土地区水利水电工程地质勘察的重要内容。正确判别黄土湿陷性，能确保水工建筑物的安全与正常使用。野外可从以下几方面初步判别黄土的湿陷性：

① 层位和岩性：凡层位属 Q_1 和 Q_2 下部的黄土，一般无湿陷性；Q_2 上部的黄土有时具弱湿陷性；Q_3 及 Q_4 各层黄土大多有湿陷性。从岩性上看，无孔隙、致密坚硬、块状结构，呈浅棕红色的黄土，一般无湿陷性；而浅黄色，大孔隙，含 $CaCO_3$ 结核，垂直裂隙发育的一般有湿陷性。

② 地下水位：凡潜水位以下的饱和黄土，一般无湿陷性；当天然含水量超过塑限时，一般多为弱湿陷性。

③ 地貌部位：位于河谷两侧的高阶地（三、四级及其以上）的黄土湿陷性比低阶地（一、二级）弱；丘陵区低洼地形的黄土湿陷性比高起地形上部的要弱。

④ 成因类型：较新的风积和坡积黄土的湿陷性通常较强，有时沉陷变形量很大；对于冲积黄土，如年代较新，且下伏有厚层砂卵石层，亦常具强烈湿陷性。

⑤ 与下伏地层的关系：当下伏第三纪黏土时，如黄土层中入渗水量增加且不易排泄，则可能引起下部黄土缓慢湿陷变形；如下伏为灰岩，则在黄土中易发生潜蚀和塌陷；如下伏为厚卵砾石层，则黄土层易产生潜蚀洞穴、管涌和强烈破坏性的湿陷变形。

以上只是野外对黄土湿陷性的初步判别。对于需要复判的黄土，可按室内压缩试验计算的相对湿陷系数来判别。

2. 第四纪地质调查

第四纪是地质历史的最新时期。这一时期沉积物的最大特点是松散性和在空间分布的不稳定性。下面主要介绍第四纪松散堆积物的岩性分类和成因分类及它们的野外鉴定方法。

（1）第四纪松散堆积物的岩性分类与野外鉴定方法。

① 第四纪松散堆积物的岩性分类。岩性分类是根据堆积物的粒度组成进行划分。因为一种堆积物的粒度组成可以反映堆积物的渗透性、孔隙度、给水度、压缩性、可塑性等水文地质及工程地质特性。按堆积物的粒度组成分类，详见表 2.5。该分类采用大于 2 mm 粒径的划为砾石类，2 ~ 0.05 mm 粒径的划为砂类，0.05 ~ 0.005 mm 粒径的划为土类，并根据详细的粒级及百分含量作进一步划分。

表 2.5　松散土石粒度分类表

类别	松散土石名称	颗粒直径/mm	含量/%
砾石类	漂砾（圆的）或块石（棱角的）	>200	
	卵石（圆的）或碎石（棱角的）	200 ~ 20	
	砾石（圆的）或碎屑（棱角的）	20 ~ 2	
砂类	粗　砂	2 ~ 0.5	>50
	中　砂	0.5 ~ 0.25	>50
	细　砂	0.25 ~ 0.1	>50
	粉　砂	0.1 ~ 0.05	>50
土类	亚砂土	<0.005	3 ~ 10
	亚黏土	<0.005	10 ~ 30
	黏　土	<0.005	>30

② 野外对黏性土、淤泥土的鉴定方法。鉴定方法详见表 2.6、表 2.7。但在正式提交鉴定成果时，仍需根据实验室颗粒分析资料进行核定。

表 2.6　黏性土的野外鉴定方法

类别＼鉴别方法	用手指在掌上揉碾土时的感觉	用放大镜或肉眼观察土的外貌	干土的性质	湿土的性质	搓捻湿土可能形成的状态	其他特征
黏土	同类土，甚细，难以碾揉成粉末	无大于 0.25 mm 的颗粒	硬土不易击成粉末状	滑腻，有黏性，可塑	易成细长条（直径 1～3 mm），并能屈成圆环	用小刀切割土层，切口平坦光滑
砂质黏土（亚黏土）	不是同类土，偶觉有细砂粒	有大于 0.25 mm 的颗粒	土块用锤或手压易碎	有塑性	能成粗条（直径大于 3 mm），土条折之即断	切开时，表面可见清楚的砂粒
黏质砂土（亚砂土）	易碾成粉末砂粒较多	大于 0.25 mm 的砂粒甚多	极易碎	无塑性	不成细条，可成球体，但表面多裂纹	表面（断面）粗糙
砂土	十分粗糙，偶有小砾石	肉眼可见几乎大于 0.25 mm 的砂粒	松散，呈粒状	稍有黏聚力，但过湿呈流动状态	不成任何形体	可见闪亮的矿物碎屑

表 2.7　淤泥土的野外鉴定方法

类别＼鉴定方法	颜色	夹杂物质	粒度与结构	浸入水中的现象	湿土搓条情况	干燥后的强度
淤泥	灰黑色，有臭味	有半腐朽的细小的动植物遗体，如草根、小螺壳等	夹杂物质一般呈层状，但有时不明显	浸水后外观无显著变化，在水面上出现气泡	一般能搓成 3 mm 的土条（长度至少 3 mm），但容易断裂	干燥后体积显著收缩，锤击呈粉末状，用手能捏散
泥炭	深灰或黑色	有半腐朽的动植物遗体，其含量超过 60%	夹杂物质稀软，呈现现象不明显	浸水后体积膨胀易崩解，变成稀软的淤泥，部分动植物根和动物残渣悬浮于水中	一般能搓成 1～3 mm 的土条，但动植物残渣甚多时，仅能搓成 3 mm 以上的土条	干燥后大量收缩部分杂质脱落，无定型

（2）第四纪松散堆积物的成因类型及其野外鉴定方法。

① 第四纪松散堆积物的主要成因类型。成因类型是根据形成松散堆积物的动力条件而划分的类型。松散堆积物的主要成因类型有残积物（el）、坡积物（dl）、洪积物（pl）、冲积物（al）、湖积物（l）、冰积物（gl）等。

② 第四纪松散堆积物主要成因类型的野外鉴定方法。野外观察第四纪松散堆积物，必须充分研究各种天然露头（沟壁、陡崖、土坑）和人工露头（井、孔）所揭示的地层剖面，从

堆积物本身的岩石学方面（岩性、结构、构造等）特征入手，结合堆积物的地貌特点，判断和恢复堆积物形成的外动力条件，从而确定其成因类型，详见表 2.8。

表 2.8　确定堆积物成因类型的主要标志

鉴定标志			残积物（el）	坡积物（dl）	洪积物（pl）	冲积物（al）	湖积物（l）	冰碛物（gl）
岩石学方面	粒度成分		变化较大，发育全者以细粒为主	细粒为主	砂、砾及黏质砂土为主，粒径悬殊	砾石、砂、黏质砂土及砂质黏土	细粒为主，有砾石、砂	泥粒、粒径悬殊
	砾石	产状	零乱	与山坡坡面基本一致	不规则	*ab* 面倾向上游，呈迭瓦状排列	有一定规则	一般无规则
		磨圆度*	(1)	(2)	(2)—(3)	(3)—(4)	(3)—(4)	(1)—(2)
		表面特征	从表面外形和排列，可见到基岩破碎的痕迹	有浅而零乱的擦痕	有模糊零乱的擦痕	表面光滑	圆形表面光滑	有深而规则的擦痕、凹坑
	粒径变化		从上到下变化，发育完全时，顶部有轻微粗化现象	从坡顶向坡麓变化	从山（沟）口向外缘逐渐变细	下粗上细，河床相与河漫滩相变化显著	向湖心变细	随冰蚀区岩性及堆积物位置略有差异
	结构构造		发育完全时可分层	多次堆积可分层，层与坡面一致	具多层结构，交错层，透镜体	具二元结构，斜交层、透镜体	水平层理、斜层理	没有固定的结构
	矿物成分		与下伏基岩相同，可能有次生变化	与坡顶基岩相同，不稳定矿物能保存	成分复杂，不稳定矿物少	成分复杂，不稳定矿物少	取决于湖岸基岩及入湖河流的岩石成分	成分复杂，不稳定矿物能保存
	地层界线		很不清楚，不平整	与 al、pl、gl 等界线清楚，与 dl 不很清楚	清楚	清晰、明显、比较平整	清楚明显	明显、清晰
地貌方面	堆积物的部位		分水岭等平坦地地带	山坡脚下	山（沟）口地形骤变处（由陡变缓）	河谷、冲积平原	湖盆湖滨	古冰川山谷，冰川平原
	堆积地貌		丘陵顶部	坡积锥 坡积裙	洪积扇 洪积裙 洪积平原	阶地、河漫滩，沙洲、砂堤、冲积平原	湖积堤 湖积平原	冰碛垄、鼓丘及冰讯平原
	分布形状		片状	锥状组合成环带状	扇形组合成面状、带状	长条形	块状	长条形、弧形、扇形

在野外调查鉴定中，确定松散堆积物的成因类型，最主要的是岩石学方面的标志（见表2.8）。野外鉴定的具体方法与步骤如下：第一，堆积物的粒度成分，因为粒度成分反映了搬运介质的性质和动力大小；第二，堆积物的矿物成分，因为岩矿成分的繁简，稳定矿物与不稳定矿物的相对含量，都反映了堆积物的成因机制；第三，堆积物的结构和构造，如碎屑物的层理产状，粒组成分的相互关系和组合特征。其中，对粗粒粒组特征的研究意义最大。如砾石粒径及其组合情况（分选性）、磨圆度、扁平面（*ab* 面）产状、表面特征和风化程度，有助于判明堆积物的搬运介质、搬运方向和距离，是判断外动力特征的可靠标志。

2.2.6 水文地质调查

水文地质调查的目的是查明工作区的水文地质条件，掌握地下水的形成、赋存、分布及动态变化规律，为水工设计和开发利用地下水或防治地下水灾害提供水文地质依据。水文地质调查是在工作区的地质调查和地貌调查基础上进行的。调查基本手段有：水文地质测绘、水文地质物探、水文地质钻探、水文地质试验（野外和室内）及地下水动态观测等。水文地质调查是分阶段进行的。一般分普查、初查和详查三个阶段。调查阶段不同，所采用的手段和工作量也不同。

普查阶段：采用的比例尺为 1∶50 万～1∶10 万，调查手段以水文地质测绘为主，辅以少量的勘探和试验工作。其任务是初步查明主要含水层的埋藏条件和分布特征。地下水形成条件，地下水类型、水质、补给与排泄条件及运动规律，并概略地对工作区地下水量和开发远景作出评价。

初勘阶段：除进行比例尺为 1∶10 万～1∶5 万的水文地质测绘外，水文地质勘探和试验是本阶段的主要工作手段，还要求进行一定时期的地下水长期观测。其任务是比较确切地查明工作区地质构造和地下水形成条件、赋存特征，预测水量、水质和水位变化，提供合理开发（或疏干）地下水措施，为供（排）水初步设计或布置详勘工作提供依据。

详勘阶段：通常是在初勘阶段圈定的地段上进行详细研究，以勘探和试验工作为主，要求有一年以上的时间对地下水动态进行观测，并作室内试验研究。其任务是精确地查明工作区的水文地质条件，提出精确的水量或水位预测值，对水质及供、排水条件等，均作出全面深入的评价。本阶段工作精度要求高，比例尺一般为 1∶25 000～1∶10 000 或更大，为技术（施工）设计提供依据。下面着重介绍水文地质测绘的基本内容和工作方法，供实习时参考。

1. 水文地质测绘的基本内容

水文地质测绘的基本内容，除包括上面已经介绍过的地质、地貌及第四纪地质调查的主要内容外，还包括地下水、地表水、植物及自然地质现象调查等内容。

（1）地质调查。

地质调查是水文地质调查的基础。这里所说的地质调查与前面说的地质调查不完全相同，因为这里要从水文地质观点出发来研究岩性和地质构造，并把这些地质条件与地下水密切关系联系在一起。

① 岩性调查。岩石是地下水赋存的介质。一个地区的岩性特征往往决定地下水的含水类

型、分布，影响地下水的水质和水量。如第四系发育的广大平原地区，以及断陷山间谷地或盆地，往往分布着水量较丰富的孔隙水；丘陵山区基岩中，则分布着水量极不均匀的裂隙水或喀斯特水，而其中侵入岩、变质岩的结晶片岩地区，主要分布风化裂隙水；碎屑岩地区裂隙水主要分布在粗粒或硬脆的岩层中；在碳酸盐岩类地区则分布喀斯特水。从岩性来说，一般是碳酸盐岩类含水性最好，其次是玄武岩，再次是粗粒碎屑岩、侵入岩及结晶片岩，而泥质岩石的含水性最弱。

从岩性角度考虑，影响地下水的关键是岩石的孔隙性。因此，调查岩石的空隙特征及其变化规律就成为水文地质调查岩石的重点。野外调查岩石类不同，研究的侧重面也不同。

松散岩层：其空隙主要为碎屑颗粒间的孔隙，常形成具有良好空间的孔隙水。对这类岩石的调查，应着重研究下列因素：a. 颗粒大小、形状及分选性；b. 密实及充填程度；c. 颗粒排列方式和成层性，对黄土及黏土尚需注意其大孔隙和裂隙；d. 颗粒矿物成分（是以石英等稳定矿物组成为主，还是以抗风化能力弱的非稳定矿物组成为主，显然透水性前者大于后者）；e. 调查上述特征在纵、横方向的变化情况等。

可溶性岩层：地下水主要赋存于岩石的溶隙或溶洞中。对这类岩石调查的重点是：a. 溶洞及其大小、形状和充填情况；b. 喀斯特发育程度和分布规律与岩石的化学成分、结构特征、地层组合以及地质构造之间的关系；c. 地下水的循环条件和水质状况；d. 喀斯特类型等。

非可溶性岩石或胶结的碎屑岩层：这类岩层地下水的赋存是由于构造作用、成岩作用和风化作用而产生的各种裂隙。对其调查重点是：a. 裂隙的成因类型、宽度、方向、延伸情况；b. 裂隙充填物的性质及充填程度、裂隙密度以及不同方向裂隙在平面和剖面上的组合情况；c. 裂隙发育程度与岩石结构、力学性质及与地质构造和地形之间的关系，如碎屑岩的颗粒大小、矿物成分、胶结物性质及胶结物类型与裂隙发育的关系，以风化裂隙为主的侵入岩、结晶片岩的结晶颗粒大小、形状与风化裂隙发育的关系等。

② 地质构造调查。地质构造对地下水来说，不仅控制含水层和隔水层的分布规律，而且对地下水的形成和富集都有很大的影响。如大的构造体系控制着区域水文地质条件；褶皱构造可形成自流盆地或自流斜地；褶皱不同部位，由于应力分布状态而对岩石产生的破碎性质、程度不同，其各部位的水文地质条件差异甚大；断裂的性质、特点不同，具有不同的水文地质特征；导水断裂能沟通含水层之间，或含水层与地表水之间的水力联系，往往形成地下水强烈径流带或集中排泄带；而另外一些断裂，由于本身透水性微弱或不透水而阻隔地下水径流或切断含水层位，使其两侧地下水位相差悬殊等。因此在调查中，应仔细观察、描述各种断裂和褶皱的形态、规模、力学性质和展布规律。

断裂构造：应着重调查：a. 断层面、构造岩及影响带的特征和两盘相对的动向，分析其力学性质；b. 断层上、下盘的地层岩性组合关系，两盘次一级构造的性质、产状、发育程度及影响宽度等。这样，可从构造应力的分布状态对岩石产生破裂的特征，揭示断裂与地下水形成、分布和富集之间的内在联系。

褶皱构造：应着重调查：a. 褶皱形态类型、规模及其在平面和剖面上展布特征与地形之间的关系，尤其是两翼岩层的倾角大小及其变化；b. 主要含水层在褶皱中的部位和轴部的埋藏深度，在两翼出露的面积和高程；c. 张应力集中区裂隙发育程度和充填情况；d. 褶皱与断裂之间的关系及其对地下水运动和富集的影响。

（2）地貌调查。

现代地貌控制着地表水系分布状态和地下水补、径、排区的位置及水量大小。在某些含水层中，地下水的形成和分布与当地地貌的形成和分布密切相关。因此，可借助于地貌观察来寻找地下水，指出地下水的形成、分布及埋藏条件。地貌不仅对浅层的和松散岩层中的地下水有较大影响，而且还能反映基底岩层的起伏特征和对基岩含水层出露状态的影响。此外，地貌还控制着地下水水质的形成环境和类型，对某些地方病的发生起关键性作用。因此调查中要求对各种地貌单元的形态特征进行观察测量，查明各地貌单元的成因类型与地层岩性和地质构造之间的关系。

（3）地下水调查。

对地下水露头的调查，是直接认识地下水的一种方法。地下水露头有天然露头（泉、暗河出口、落水洞、地下水溢出带等）和人工露头（水井、钻孔、地下水坑道等）。

地下水调查包括下列基本内容：

① 地下水位、水量、水质、埋深及水头性质及大小；

② 地下水温度、透明度、颜色、味道、气味、悬浮物等物理性质；

③ 地下水出露形式（如井、泉）及分布特征；

④ 地下水动态特征；

⑤ 地下水利用现状等。

泉的调查重点是：a. 判明补给泉的含水层位及地下水类型；b. 查明补给含水层所处的构造类型、部位及泉出口处的构造特征；c. 测量泉的涌水量，调查其动态特征或取水样进行水质分析。对某些矿泉、温泉，在研究上述内容的基础上，应侧重分析其出露条件，特殊的化学成分及与其他类型地下水之间的关系，了解其医疗效果和开发前景。

井、孔调查的重点是：a. 查明井孔位的地貌特征；b. 确定被揭露的含水层的地下水类型及补、径、排特征；c. 选择主要含水层中典型地段上进行抽水试验，查明井孔的出水能力及其动态规律；d. 注意井孔所揭示的松散含水层与基岩含水层之间的水力联系。

（4）地表水调查。

一个地区的地下水往往与当地的各种地表水体（河流、湖泊、渠道、水库等）有密切联系。因此需调查了解工作区内各种地表水体的分布、动态，补给、排泄与地下水之间的联系和相互转化，以便掌握区内地下水的形成与变化过程，对地下水的水质和水量进行评价与预测。调查的主要任务是确定地下水与地表水之间相互补给、排泄关系、补给条件及补给量。

野外实际调查时，可能发现一些很能说明问题的情况：例如，河流在无支流注入的下游河段流量的增加，或浑浊河流中出现清流，或河流封冻出现融冻区，或有泉直接出露河谷等，都说明地下水补给河水。又如河流流经喀斯特岩层、山前卵砾石层或其他吸水岩层中时，流量显著减少甚至消失，河流出现盲谷或干涸河段，则说明地表水补给地下水。同时根据调查观测的地下水位、流速和流量等有关资料，还可初步估算出补给量或排泄量。为了评价地下水水质，必要时进行污染源的调查或取地表水水样分析。

（5）植物调查。

植物生长离不开水。植物生长茂盛，春早青绿、秋晚枯黄的地方，一般都有浅层潜水存在；在干旱或半旱地区，一些叶大、根深的喜水植物（如芨芨草、黄花菜、马莲、芦苇、水柳三棱草等）生长茂盛的地方，一般指示地下有水；骆驼刺的出现表明地下水可能埋藏较深，因为它可以从地下 15 m 深处吸取地下水；盐吸草等耐盐植物生长的地方，潜水的矿化度一般较高；在松散层覆盖区，如植物呈线状分布则指示其下伏基岩可能有含水断裂的存在等。

（6）自然（物理）地质现象调查。

与地下水活动有关的自然地质现象有：滑坡、塌陷、土壤沼泽化、盐渍化以及潜蚀现象等。它们的出现一般都反映了潜水的参与，并表明潜水埋藏不深。调查时应仔细观察它们的存在状态，并分析其与地下水之间的相互作用。

2．水文地质调查的基本工作方法

这里主要介绍水文地质观测点、线的布置原则，泉水流量测定，地下水流速流向测定及喀斯特连通试验的方法。

（1）水文地质观测点、线的布置原则。

总的原则是经济合理，以最小的工作量获得尽可能多的具有重要意义的水文地质资料。测绘时，除在重点地段采用追索法外，一般采用穿越法。测绘区观测点、线的数量应满足水文地质测绘规范要求，但不要机械地均匀布置，而应考虑下列具体原则。

① 观测线的布置。在山区，观测线应垂直于岩层走向、构造线和分水岭方向及河流或冲沟方向；在山前地区，应从山区向平原穿越冲积扇的各带或垂直于冲洪积扇轴向方向；在自流盆地地区，穿越盆地的补给区与排泄区，垂直含水层和隔水层走向；在平原区，应垂直间流或沿微地貌变化最大的方向。

在具体布线时，还要注意到：a. 从主要含水层（体）的补给区向排泄区，即水文地质等条件变化最大的方向布置；b. 沿线能见到最多的井、泉、钻孔等天然的和人工的地下水露头点及地表水体的方向布置；c. 所布置的观测线上应包含较多的地质露头点。

② 观测点的布置。观测点的布置原则是既能控制全区，又要突出重点，一般不宜均匀布点。通常是地质点布置在地层分界线、断裂带、褶皱变化剧烈部位、喀斯特发育部位及各种接触带上；地貌点布置在地形控制点、地貌成因类型控制点、各种地貌分界线，以及自然地质现象发育点上；而水文地质点则布置在泉、井、钻孔和地表水体、主要含水层或含水断裂带、地表水渗漏地段等重要的水文地质界线上，以及布置在能反映地下水存在及其作用的各种自然地质现象的标志处。

（2）泉流的测定方法。

泉观测记录，可按表 2.9 格式填写。

泉水流量的测定，视当地条件及泉水流量大小，可选用以下几种测量方法：

① 堰测法。当泉水流量小于 10 L/s 时，采用三角堰测定；当泉流大于 10 L/s 时，采用梯形堰或矩形堰测定。

直角三角堰堰流公式：

$$Q = 0.014H^{5/2} \tag{2.2-2}$$

式中　Q——泉流量，L/s；

　　H——堰口处水头高度，cm。

直角三角堰应符合下列条件，如图 2.33（a）所示。

$$h > 3H,\ b_1 = b_2,\ B > 5H \tag{2.2-3}$$

表 2.9　泉水调查表

调查日期：　　年　　月　　日

<table>
<tr><td colspan="2">泉号：</td><td colspan="2">名称：</td><td>位置：</td></tr>
<tr><td colspan="2">泉的类型：</td><td colspan="2">出露高度：　　m</td><td>泉的季节变化：</td></tr>
<tr><td colspan="4">泉水出露地形及岩性：</td><td>泉的含水层时代、岩性、厚度、顶底板情况</td></tr>
<tr><td colspan="4">泉水流量：L/s</td><td rowspan="6">素描图</td></tr>
<tr><td rowspan="5">物理性质</td><td>水温</td><td colspan="2"></td></tr>
<tr><td>色</td><td colspan="2"></td></tr>
<tr><td>嗅</td><td colspan="2"></td></tr>
<tr><td>味</td><td colspan="2"></td></tr>
<tr><td>透明度</td><td colspan="2"></td></tr>
<tr><td colspan="4">泉水用途：</td><td>泉附近有无化学沉积物及气体分离情况</td></tr>
<tr><td colspan="3">水样编号：
气　温：　　°C</td><td colspan="2">备注：</td></tr>
<tr><td colspan="5">调查人：</td></tr>
</table>

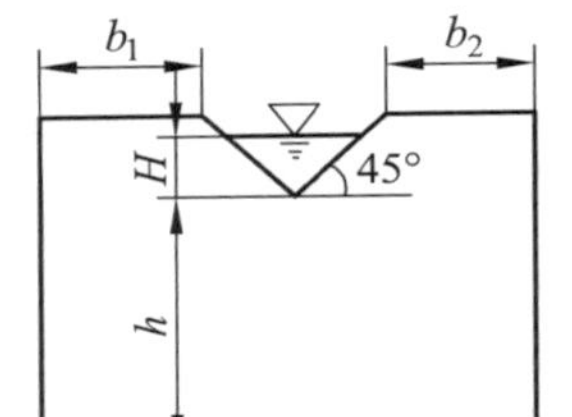

（a）三角堰

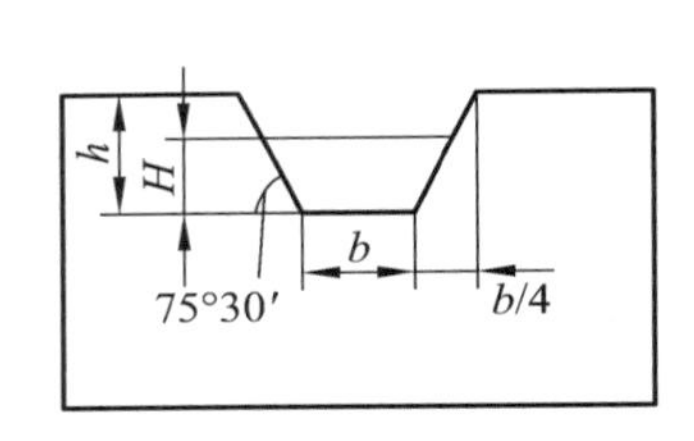

（b）梯形堰

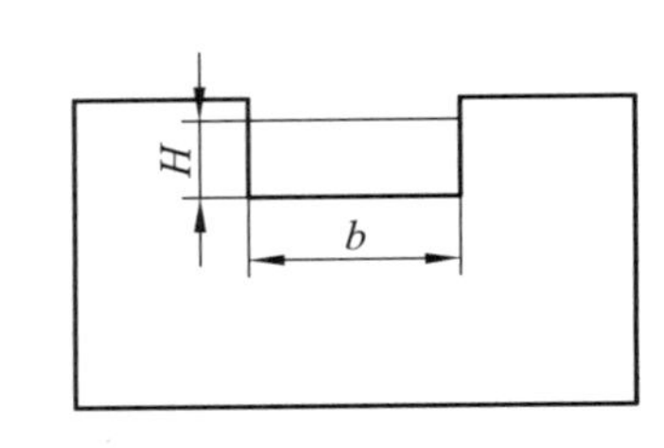

（c）矩形堰

图 2.33　量水堰

梯形堰堰流公式：

$$Q = 0.018\,6bH^{3/2} \tag{2.2-4}$$

式中　b——梯形堰口底宽，cm；

其他符号意义同前。

梯形堰口规格，如图 2.33（b）所示。

矩形堰堰流公式：

$$Q = 0.0184(b - 2H)H^{3/2} \tag{2.2-5}$$

式中　b——矩形堰口下部宽度，cm；

其他符号意义同前。

矩形堰口规格，如图 2.33（c）所示。

为了减少计算工作量，上述三种堰形的水头读数已制成专门的流量换算表格，使用时可查《供水水文地质手册》。

② 容积法。用水桶或其他盛水的容器测量流量（适用流量较小的泉）。

③ 浮标法。用以测定流量较大的泉，在不具备上述测流方法时，可采用浮标法。它是先测定流速，然后计算流量。测定时，要求测流断面选在泉流平稳、横断面较规则的地段，上、下游两个断面要相距数米。流量计算公式：

$$Q = K \cdot \frac{L}{t_2 - t_1} \cdot \frac{F_1 + F_2}{2} \tag{2.2-6}$$

式中　Q——泉流量，L/s；

K——系数（取 0.6～0.8）；

L——上、下游断面间的距离，m；

F_1，F_2——上、下游断面面积，m^2；

t_1，t_2——测流速时的起止时间，s。

（3）地下水流向流速的测定。

① 地下水流向的测定。野外测定地下水流向，大体按等边三角形布置三个钻孔（见图 2.34），孔间距离一般为 50～200 m（视地下水水力坡度大小而不同，水力坡度愈小则孔距愈大），并测定同一时期各孔的天然水位，通过插值等水位线，即可确定流向。

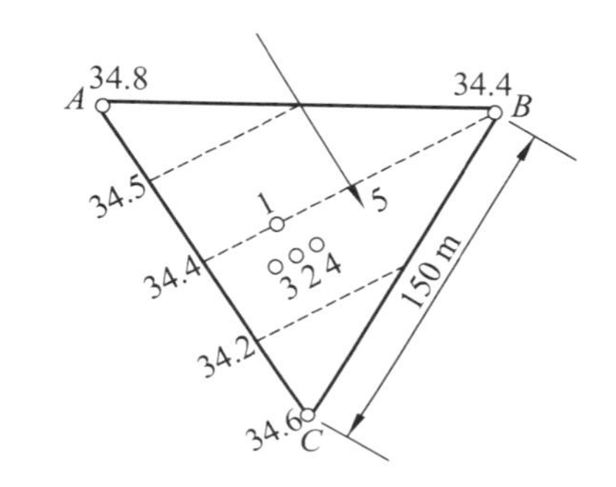

图 2.34　地下水流向、流速测定钻孔布置图

A，B，C—地下水位观测孔；
1—投指示剂孔；2—流速观测主孔；
3，4—辅助孔；5—地下水流向

② 地下水实际流速的测定。这里只介绍孔隙和裂隙岩层中地下水实际流速的测定方法。测定地下水的实际流速，目的是为了确定地下水补给方向强弱径流带的位置，计算通过某一断面的流量，判明地下水流态，以及为决定地下灌浆中一些技术措施的依据。

地下水流向确定后，在三角形内沿流向布置两个钻孔。上游孔 1 为投放指示剂孔，下游孔 2 为观测孔（见图 2.34）。为防止指示剂从观测孔 2 旁侧流过，可在孔 2 两侧相距 0.5～1.0 m 处，各布置一个辅助观测孔 3、孔 4。孔 1 与孔 2 之间的距离，取决于含水层透水性，如细砂为 2～5 m，透水性好的裂隙岩层为 10～15 m。

测定时，首先在孔 1 投入一定量的指示剂，然后在观测孔 2 中每隔一定时间间隔观测指示剂含量的变化情况。根据观测资料绘制指示剂浓度与时间关系曲线图，见图 2.35。

根据图 2.35 可在曲线上求得时间 t_1、t_2，于是地下水的最大流速 u_{max} 为

$$u_{max} = \frac{L}{t_1} \tag{2.2-7}$$

地下水的实际平均流速 $\bar{u}$ 为

$$\bar{u} = \frac{L}{t_2} \tag{2.2-8}$$

式中　L——孔 1 与孔 2 之间距离，m；

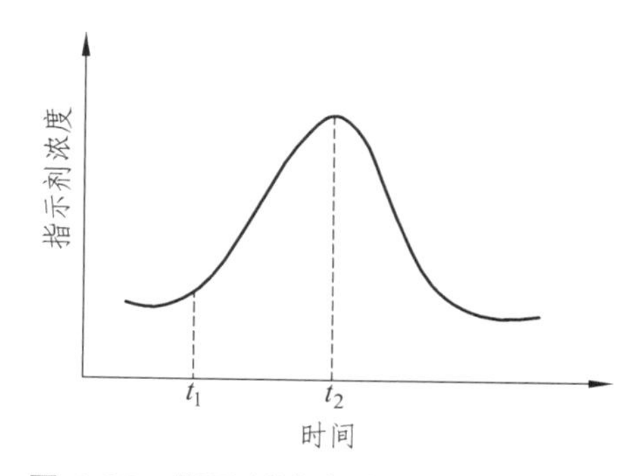

图 2.35　指示剂浓度随时间变化曲线图

t_1——指示剂从投入孔 1 到孔 2 开始出现所需的时间，h；

t_2——指示剂从投入孔 1 到孔 2 浓度达到最大值时所需的时间，h。

指示剂可选用氯化钠、氯化钙、氯化铵、硝酸钠等，均属化学法测定。此外，还可采用比色计法（荧光红、荧光黄）或示踪原子法进行测定。要求所有指示剂对人体无毒无害。

（4）喀斯特地下连通试验。

连通试验是用来查明喀斯特地下水流向、流速，地下河系连通、延伸、分布情况，地表水与喀斯特水转化关系，水库漏水途径以及各孤立喀斯特水点之间关系的一种试验方法。连通试验的方法一般有三种：水位传递法、指示剂法和气体传递法。

① 水位传递法。对喀斯特的天然水流通道进行堵、放，或截断补给水源，或在钻孔中抽水、注水（作为始点），以改变地下水流的水位，而在其他点上观测水位、流量的变化情况，以确定点间水流连通与否及连通的具体途径。

② 指示剂法。具体方法甚多。最常用的为浮标法。它是根据地下水流速、流态、流程长短等因素，采用谷糠或锯木屑、油料、黄泥浆等作为指示剂，观测其连通情况；也可投放食盐、荧光素、同位素等剂料来测试。其测试方法与一般测定地下水流速的方法相同。

③ 气体传递法。对于干洞之间的连通性，可采用烟熏、放烟幕弹等方法进行测定。

2.2.7 实测地质剖面

为了研究工作区的地层岩性、地质构造和水工建筑场区的工程地质条件，需测制地质剖面图。中、小比例尺的地质剖面图，一般可在平面图上剖切绘制，但水工建筑物区和专门问题重点地段的大比例尺地质剖面，则一般需进行实地测量，根据实测资料编制成图。具体方法步骤如下。

1．布置剖面线

在地质测绘前期，为了正确认识测区内地层层序，查明各时代地层的岩性组合、厚度、标志层和接触关系，为地质测绘填图提供划分地层的依据和标准，往往在测区内，选择岩层露头良好、层序清晰、构造简单、具有代表性或具典型意义的地段，布置线路作实测地质剖面。剖面线的方向应尽量垂直岩层走向或垂直主要构造线方向（如有困难，也应使二者之间的夹角不小于 60°），同时，剖面线还应考虑充分利用天然露头和人工露头。

为了反映有关工程如大坝、厂房、隧洞、溢洪道、渠道的工程地质条件，则可沿工程轴线或横断面方向作实测地质剖面。

2．选择比例尺

选择剖面比例尺应根据规范及施测对象的要求而定，以能充分反映其最小地层单位或岩性单位为原则。常用的比例尺为 1∶500～1∶5 000。对于具有特殊意义的单层（如标志层）而在剖面图中又小于 1 m，可适当放大表示，但应在记录中注明其实际厚度。

3．布置测点

测点沿剖面线布置，应选择在地形地质条件有变化的地方，其间距随比例尺精度要求而定。如作 1∶500 的实测剖面时，测点间距应小于 5 m。若地形起伏大，或地质条件复杂，点距要适当缩小。每一测点要作标记，并统一编号。

4. 剖面地形测量

剖面地形测量，通常采用半仪器法导线测量，即用地质罗盘逐段测量导线的方位和地形坡角，用皮尺或测绳丈量地面斜距。对于大比例尺的实测剖面，则应采用经纬仪施测各点的位置和高程。可参照表 2.10 进行记录计算。

5. 地质条件观测记录

在进行剖面地形测量的同时，进行地质资料的收集。其观测记录内容包括地层层位、岩石名称、岩性特征、岩层产状、断裂构造、风化情况、第四纪堆积层的组成及厚度、地下水露头情况及自然地质现象等，并采集必要的岩样、水样标本送试验室鉴定化验。

6. 绘制剖面图

在认真复核野外实测的地形和地质资料并确认无误后，按地质剖面图式要求，编制实测地质剖面图。具体步骤如下（见图 2.36）：

（1）绘导线平面图。

根据导线方位和水平距，按比例尺将导线自基点（起点）至终点逐点绘出，并将岩层分界线、产状及其他观测点等一一标绘到相应的位置上，构成平面路线图，如图 2.36（a）所示。

（2）选择剖面方位。

一般情况，选择与岩层倾向一致的方向作为剖面方向，或连接基线的起点和终点作为剖面线。

表 2.10　地质剖面测量记录表

导线	导线方位角 /(°)	导线距		坡角 α/(°)	高差 H/m	累积高差 /m
		斜距 L/m	水平距 D/m			
0 ~ 1	154	31.25	30.04	+16	+8.61	+8.61
1 ~ 2	152	27.95	27.53	− 10	− 4.85	+3.76
…						

导线	地质条件									备注
	产状要素				导线方向与走向夹角 γ/(°)	视倾角 β/(°)	岩石名称与岩性描述	地质构造描述	标本编号	
	层位、构造代号	走向 /(°)	倾向 /(°)	倾角 /(°)						
0 ~ 1	C_1	61	151	45	87	45	石灰岩（岩性描述略）		01	
1 ~ 2	$C_{1\text{-}2}$	60	150	43	88	43	页岩（岩性描述略）		02	
…										

注：① 表中水平距离 $D = L \cdot \cos\alpha$；高差 $\Delta H = L \cdot \sin\alpha$。
② 坡角“+”表示上坡（仰角），“ − ”表示下坡（俯角）。
③ 累积高差自剖面基点（起点）为零算起。

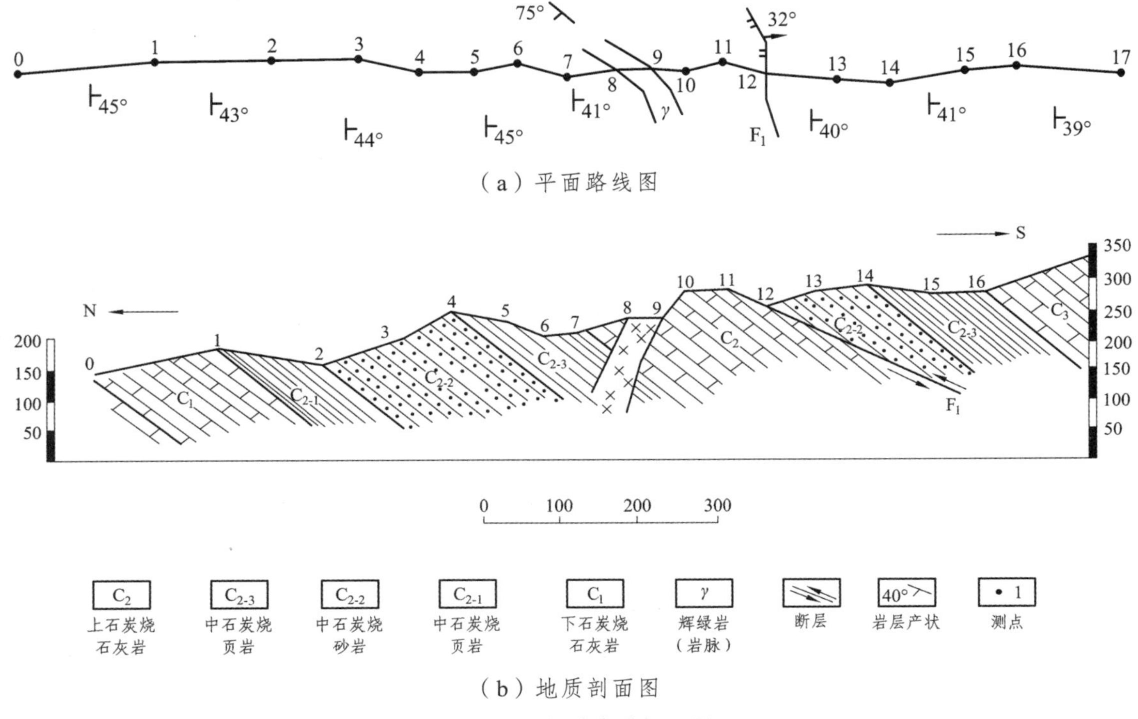

（b）地质剖面图

图 2.36 实测地质剖面图

（3）投绘剖面地形轮廓线。

在导线平面图的下方，平行于剖面线作一与之等长的基线，在基线两端点树起高程标尺（若未知基点高程，可按相对高差计），并于左端定为起点，再将各导线点按累积高差投影在基线上方，连接各点即得剖面地形轮廓线。

（4）投绘剖面中的地质内容。

将导线上各岩层分界点、各种地质构造及地质现象投影到地形线上，按产状和规定的图例符号表示出地层（若剖面方向与岩层走向垂直时，按真倾角表示，否则按视倾角表示）岩性和其他地质条件。如图 2.36（b）所示。

在完成实测地质剖面图的基础上，还可编制地层柱状图。

2.3 水利工程现场地质实习

野外地质实习视各院校实习基地（或实习点）的具体情况，除进行上述有关内容的观察与训练外，应尽量结合实习区或实习邻近区的水利工程组织观察与训练。联系该工程的库、坝址位置选择，各种水工建筑物的工程地质评价或已建工程运行中的主要工程地质问题等，以便学生把所学的地质基本知识能与本次实习的实际工程结合起来，增强感性认识，加深理解。

下面就库、坝址位置选择和工程运行中的工程地质问题作简要介绍，并补充一些工程实例加以说明。

2.3.1　库、坝址位置的选择

库、坝址位置的选择，是水利水电工程建设的一项带决策性的工作。它关系到工程能否多快好省和成败。选择出一个优良的库坝址不仅可以保证工程安全、可靠，而且还可节约投资、缩短工期，获得最佳的经济效益、社会效益与环境效益。

坝址选择的关键是坝段比较和选择最优坝轴线。这里只从地质角度考虑，着重讨论一下坝段比较时需注意研究哪些问题，举例说明坝址、轴线选择的要点。

1. 选择坝段时需注意研究哪些主要工程地质问题

（1）坝段应尽量选择在两岸地形对称、山体宽厚、河谷坡度和宽度适中，有利于水工建筑物布置的峡谷河段。

（2）选择在区域相对稳定的地区。建筑物地基无活动性断层通过，且不处于大的逆断层上盘和难以处理的断层破碎带上。

（3）选择在岩体相对完整、岩性均一、构造简单、透水性较弱，风化层和覆盖层较浅，岩层倾向上游且倾角较陡的河段。特别注意避开顺河断裂和缓倾角软弱夹层及喀斯特洞穴发育的河段，以利于抗滑稳定和防渗。

（4）河谷两岸边坡稳定。避免选在有可能受到大型滑坡、崩塌和泥石流影响的区域，特别注意避开近坝库岸不稳定的河段。

（5）库址应选在有较大库盆而淹没和浸没面积又相对较小的区段。库区不应存在有严重的、难以处理的渗漏地段和水库沿岸的坍塌地带。

（6）在地质构造比较复杂的地区兴建水库，还应注意地震及水库诱发地震的专门调研。

（7）附近有适宜的天然建筑材料，其储量及质量均能满足设计要求。在开采及运输方面，应便于施工。

（8）引水线路（隧洞及大型渠道）的工程地质条件和施工条件较好。

2. 坝址选择（工程实例）

实习时，以实习区的或参观的水利工程坝址为对象，通过前人的资料或请工程技术人员介绍，了解该坝址比较、选择过程和工程地质条件的优劣。这里仅以五强溪水电站工程为例，在坝址比较和选择上，如何考虑工程地质条件予以具体说明。

在建的五强溪水电站，位于湖南省沅水上，最大坝高 100 m，库容 44 亿 m^3。为了选择一个比较好的坝址，在长达 13 km 的坝段上，自上而下拟定了辰塘溪、杨五庙、五强溪三个坝址进行过工程地质勘察比较。

坝段内出露的地层岩性为前震旦系板溪群上部五强溪组砂岩和板岩。根据岩层的工程地质条件共划分为 6 个工程岩组。岩石力学强度高，属相对不透水岩层，可作为高坝的基础岩体。但坝段内的地质构造比较复杂，发育一系列走向 NE60° ~ 70°的褶皱和断裂。其中，褶皱有辰塘溪河床向斜和自辰塘溪右岸至杨五庙左岸的五强峡背斜；断层有走向 NE70。长达 8 km 的 F817 和峡谷出口处走向 NE40°的 F73。多期构造活动，对岩体的完整性起了一定的破坏作用，导致了工程地质条件的复杂化。

（1）辰塘溪坝址。

辰塘溪坝址位于坝段的最上游，岩石坚硬、致密，但有多层板岩夹层，成为岩体中的软弱结构面。

岩层走向与河流近于平行，辰塘溪向斜正好从河床通过。两岸岩层均倾向河床，由于软弱结构面的存在和发育，构成了两岸不稳定的边坡。

各类砂岩为裂隙透水或含水岩层，而其间所夹的板岩夹层则为相对隔水岩层。当地下水沿砂岩裂隙渗至河床下向斜核部时，遇到板岩阻隔，便形成承压水。勘探中不少钻孔都遇到承压水，对大坝稳定不利。

（2）杨五庙坝址。

杨五庙坝址位于坝段的中部，岩石坚硬、致密，但在各岩组内均夹有板岩，并受构造剪切作用而破碎，形成多层的软弱结构面。

坝址位于被断层 F87 破坏了的五强峡背斜南翼，岩层走向平行河流，倾向右岸。河床及右岸地质条件相对较好，而左岸由于岩层倾向河床则为顺向坡，局部已产生了蠕动变形，边坡稳定条件差。

由于坝址为纵向河谷，建坝蓄水后，便形成沿坝下透水岩层和层面渗漏，需加强防渗处理。

该坝址虽有上述缺陷，但河水浅（1 ~ 3 m），便于施工，岩体中的软弱夹层对坝基抗滑稳定不起控制作用，因此抗滑稳定条件较好，基础处理可靠。

（3）五强溪坝址。

五强溪坝址位于坝段下游邻近峡谷出口处。该坝址缺陷有四：其一，左侧河床深槽水深达 30 ~ 40 m，施工较困难；其二，由于岩层产状近于水平，坝基岩体因受多层平缓软弱结构面的控制而抗滑稳定性差；其三，河床上发育有 13 条顺河向断层，形成坝下渗漏通道；其四，河床深槽两侧岩壁因受断层切割，岩体稳定性差，深槽的处理尤为困难。

综上所述，有关三个坝址的不良工程条件列于表 2.11。由此可见，五强溪工程 3 个坝址皆有不良的工程地质条件，因此，只能“差中求好”，选择其中相对较好的杨五庙坝址，即现在施工的五强溪水电站坝址。

表 2.11 辰塘溪、杨五庙、五强溪坝质的地质情况

比选坝址	不良的工程地质条件	比选结果
辰塘溪	两岸边坡稳定性差，岩体内软弱结构面较多，河床下有多层承压水	杨五庙坝址
杨五庙	左岸边坡稳定条件差，沿岩层顺河向渗漏	
五强溪	河床水深施工困难，岩层近于水平，坝基岩体抗滑稳定条件差，顺河向断层发育难处理，河床深槽两壁岩体稳定条件差	

2.3.2 已建工程中存在的主要工程地质问题

据初步统计，我国已建的各类型不同高度的大坝有 86 400 余座，其中 90%为土石坝，而病险的库坝工程却占 30%左右。有些省（区）、地的大中型工程几乎全部带病运行，小型工程的病害率则更高，有的甚至建成后因渗漏而从未蓄过水。溃坝事故也常有发生，严重地威胁着人民的生命财产安全和工农业的正常生产。下面首先对已建工程尤其是病险工程中存在的主要工程地质问题做个简介，然后列举几个工程实例加以说明。

1. 病险工程中存在的主要工程地质问题

运行中的大坝及其拦蓄的水体，长期作用于坝基（肩）岩体及库区岩体上，给予岩体以外力的作用，将使岩体发生变形和渗漏，尤其是沿着岩体内可溶性矿物成分或软弱结构层(带)物质引起变化而产生变形，从而导致坝体变形，甚至破坏。在病险工程中，归纳起来，有如下主要工程地质问题：

（1）库区渗漏；

（2）库岸滑坡；

（3）坝基（肩）渗漏及渗透变形破坏；

（4）坝体裂缝或不均匀沉陷；

（5）坝体滑坡及其他建筑物边坡变形破坏；

（6）输水涵管、隧洞裂缝和漏水；

（7）水库诱发地震。

其中，以坝基渗漏的病害最为普遍。

据河南省 80 座病险工程资料分析表明，属规划设计问题的有 30 座次，施工质量问题的有 66 座次，工程地质问题的有 111 座次。在这 111 座次中，分属不同工程地质问题的详见表 2.12。

表 2.12　分属不同工程地质问题统计表

工程地质问题统计（座次）	渗漏	渗透稳定	抗滑稳定	溢洪道			输水道开裂漏水	区域大断层或活断层	淤积	污染
				抗冲性能差	边坡稳定	底板或闸基开裂变形				
小计	37	8	3	24	9	6	13	3	3	5
合计	111									

据能源部大坝安全监测中心对部属 104 座混凝土坝的安全普查中发现，存在基础抗滑稳定安全系数偏低的有 7 座次；坝基（肩）产生渗漏，导致扬压力偏高的有 54 座次；坝体产生裂缝漏水的有 63 座次；近坝库区发生滑坡的有 18 座次；发生水库诱发地震的有 4 座次。

此外，在时间效应上，大坝有从建成运行、发展、老化直至消亡的过程。从世界一些国家大坝失事原因的实例分析认为，大坝及其拦蓄的水体与基础岩体之间，通常是引起大坝病害的关键部位所在，这主要是由于渗透压力所引起岩体内破裂面的发展而导致漏水量增加，渗透压力增大，致使坝体产生位移或管涌，甚至大坝溃决。只有通过大坝长期监测及时发现问题和及时采取有效措施，才能确保大坝运行的安全，从而减少病险工程和免除灾害。

2. 病险库坝及其整治（工程实例）

（1）南谷洞水库。

南谷洞水库位于河南省林县漳河支流露水河上，控制流域面积 270 km^2，黏土斜墙堆石坝（混凝土防渗墙），坝高 78.5 m，坝顶高程 540.5 m，总库容 6 380 × 10^4 m^3，未经地质勘测于1958年兴建，1960年建成。由于大坝基础为厚43 m的砂卵石夹漂砾层，不均匀系数70～250，渗透系数（1.48～3.85）$\times 10^{-1}$cm/s，两岸坝肩为震旦系石英砂岩，与坝轴线近于平行和近于垂直的两组裂隙发育且较长，表部长达3～10 m，因风化及卸荷作用，裂隙宽1～10 mm，大者可达数厘米，单位吸水量绝大多数大于0.1 L/（min·m·m），最大达85 L/（min·m·m），未妥善处理，加上黏土斜墙填筑质量差，与岸坡结合不好，造成严重的坝基渗漏和绕坝渗漏，蓄不住水。汛期坝前铺盖和斜墙多次出现塌坑、裂缝和坝后管涌。1963年库水位526 m时，下游坝脚普遍翻涌，漏水量6 m^3/s，含砂2%，上游坝坡裂缝、塌坑面积500 m^2，带走土料1 500 m^3。1968年上游坝脚设防渗墙，两岸帷幕灌浆。1975年库水位528 m时，坝脚又漏浑水，漏水量26 L/s，含泥量5%，塌坑7个，最大直径达9.5 m。后来上游坡坝面改为沥青混凝土防渗斜墙，两岸又作帷幕灌浆，坝体内增设排水观测廊道。1982年库水位525 m时，廊道漏水量逐步增大，出现裂缝，带走大量泥砂，上游坡防渗斜墙与左岸接头处出现塌坑，现仍在处理中。

（2）温峡口水库。

温峡口水库位于湖北省钟祥县汉水支流敖水河上，控制流域面积597 km^2，总库容5.4×10^8 m^3，是一座以灌溉为主的大型水库。黏土心墙坝，最大坝高51 m。1966年兴建，1970年基本建成。大坝建在奥陶系石灰岩上，坝基断裂纵横交错。大坝施工清基时，发现坝基有泉眼50余处，但当时未作任何处理即用黏土突击封堵。1982年冬，在黏土心墙钻孔取样时发现，基岩与岩土接触处的黏土含水量竟高达48%，干密度仅1.14 g/cm^3，实际处于饱和状态。在坝体钻设测压管的施工过程中，还发现坝基下有溶洞存在。目前坝基渗漏严重，当蓄水位到70～75 m高程（即水头10～15 m）时，坝基开始渗水；当水位升到100.17 m时，渗水量为65 L/s；当水位上升到103.14 m时，坝下则多处出现翻砂漏水，涌水柱高达20 cm；库水位下降后，上述现象逐渐消失。通过坝基测压管数年的观测，发现渗流状况日益严重，心墙上下游坝基和心墙的水位呈上升趋势，存在心墙接触冲刷的危险。此外，原溢洪道建在断层交汇带上，破碎带又以断层泥为主，在渗流作用下，闸室有滑动的可能性。鉴于上述问题，该水库一直被限定在102 m水位（正常高水位为107 m）使用，长期未能发挥其正常效益。处理方案尚在研究中。

（3）双牌水电站。

双牌水电站位于湖南省双牌县湘江支流消水上，库容4.14×10^3 m^3，双支墩大头坝，坝高58.8 m，装机容量13.5×10^4 kW。1958年动工，1961年建成蓄水，1963年发电。运行10年后于1971年9月间，经监测发现6号、7号支墩空腔的E_7渗压观测孔的渗压水位高于下游水位7.5 m，涌水量达55 L/s，并在孔口附近发现大量的黄色絮状物质（$FeO_3\cdot 3H_2O$）的异常情况，危及大坝安全。经化验其主要化学成分为FeO_3占50%～70%，无单一黏土矿物。根据坝基岩体地质结构分析，认为该物质来源可能是富集在软弱层带或裂缝间的氧化铁，被坝基地下水渗流冲蚀而沿观测孔析出，是一种轻度的管涌潜蚀现象。经过进一步的勘探分析研究，决定对大坝采用预应力锚固处理，即于相应部位呈“梅花”型布孔，孔距3 m，孔径大于150 mm，锚杆直径130 mm，深入最低夹层面以下10～15 m，预锚孔274个，锚孔倾向上游，倾角70°，单孔预应力3 250 kN。经加固后，大坝抗滑安全系数提高到1.19，达到设计要求。类似这种情况在我国的梅山、新安江、凤滩等电站坝基内也发生过。

2.4　地质实习报告的编写

地质实习外业结束后，应及时地转入内业整理和实习报告编写阶段。编写实习报告是整个实习的一个重要环节，也是地质实习考查成绩的重要依据。要求每个学生独立地按时完成实习报告编写。

实习报告内容，视实习点的具体情况和实习时间的长短而有所不同。为了编好实习报告，从地质实习教学大纲的基本要求出发，特提出以下提纲供教师、同学参考。

此外，地质实习报告中应附上必要的图件。在编制图件时，可采用本书附录中的统一图例。如有不足，可自行补充。

2.4.1　地质实习报告的编写提纲（供参考）

1. 前　言

（1）实习的目的、要求、内容及时间安排。

（2）实习点的地理位置、交通及当地社会、经济简况。

（3）实习点（或参观点）的水利工程概况等。

2. 实习区地质概况

这是地质实习报告编写的重点。主要包括：

（1）地层岩性。

按沉积岩、变质岩、火成岩的顺序从老到新，分别叙述各时代地层的岩性特征、出露分布位置、厚度、与下伏岩层的接触关系等。

如有条件，最好编制实习区的“综合地层柱状图”，以附图形式放在这部分内容后面。

（2）地质构造。

① 说明实习区所属大地构造单元，构造线及岩层产状的总特点。

② 褶皱构造。名称、轴线延伸方向，核部、翼部位置及地层岩性组成，两翼产状，褶皱形态判断的依据，形成时代等。

③ 断层。名称、位置、产状、上下盘或左右盘的岩性组成，断层面（或断层带）上的构造特征，断层性质判断的证据、断层规模等。应附上各断层的素描图。

④ 节理。实习区主要节理组的特征及产状，节理统计资料及整理成果。

⑤ 综合分析。根据实习区的褶皱、断层及节理之间的相互关系，试恢复该区的构造应力场。

这一部分最好能附上实习区的代表性的地质剖面图（图切剖面或示意剖面均可）。典型的自然地质现象、地下水出露情况等。

3. 水利工程现场地质实习

（1）枢纽工程或其他水工建筑物的工程地质条件：包括地形地貌、地层岩性、地质构造、自然地质现象、水文地质条件及天然建筑材料等。

（2）已建水利工程运行中的主要工程地质问题，处理措施及其效果（或参观实习记录整理）。

4. 按专业特点和要求，进行编写

5. 结　语

包括实习的主要收获等。

2.4.2 实习报告附图

1. 编写实习报告

2. 体会、意见及建议

实习报告应附哪些基本图件？这要根据实习地点的具体条件、实习时间的长短及专业要求等情况，综合考虑，适量选择。有下列图例可供选择：

（1）综合地层柱状图；

（2）地质平面图（部分）；

（3）地质剖面图（或水文地质剖面图）；

（4）节理玫瑰图；

（5）赤平投影图应用；

（6）有关地质素描图及照片等。

以上附图的编制内容、要求及图式，均可在教材和本书中找到参考，这里不再赘述。报告编写要求书写清晰规正，文字通顺，图件整洁，并装订成册统一交指导教师评阅。

第 3 章　雅安市工程地质及水文地质概况

3.1　雅安地质与地貌概况

3.1.1　雅安地质与构造地貌

四川盆地西部边缘的雅安地区，构造地貌显著，地质构造明显地制约着地貌发育。

1. 雅安向斜

雅安向斜位于雅安市区，轴线走向北东，总长 10 余 km，为一盘古状短向斜，槽部在雅安市区仓坪山、瓦窑山一线，翼部岩层倾角 18°～30°，雅安向斜由下第三纪名山群和上白垩统灌口组构成，岩石以棕红色泥岩、粉砂岩为主，夹有细砂岩。这些软硬相间的岩层各自抗侵蚀能力不一样，翼部被侵蚀成了多列平行的单面山丘陵。

单面山地貌的特点是，山脊成尖岭状或锯齿状，两坡明显不对称，与岩层倾向基本一致的底坡，坡面长而缓，称顺向坡；与岩层倾向相反的一坡，坡面短而陡，称逆向坡。单面山是倾斜岩层所形成的地貌，一般情况下，软硬相间的倾斜岩层倾角 10°～30°发育的较为典型。雅安向斜翼部金鸡关，组成它的岩石上部是名山群组厚层细砂岩，抗侵蚀能力较强，下部为灌口组粉砂质泥岩及泥岩，岩层上硬下软，造成在剥蚀过的上部形成明显的陡坎。

一般在地质构造比较简单又无断层破坏的褶曲地区，翼部形成的单面山排列有两种情况：一是构造坡彼此相向的往往反映向斜构造，如雅安向斜两翼形成的单面山正是这样，构造坡相向。至于槽部形成的瓦窑山不能叫单面山，它是槽部基于水平的岩层形成的向斜山，向斜山原生向斜构造起伏不一致，为构造导致地貌或叫逆地貌；另一种情况是，单面山构造坡彼此相背，这大多是背斜构造的反映，如金鸡关背斜，两翼单面山构造坡相背。背斜褶曲一般为岩层向上拱的弯曲，可是现在看到的金鸡关背斜顶部却恰恰是一个缺口，原因是在背斜顶部，张性裂隙发育，这就给风化和侵蚀提供了有利条件，后经长期侵蚀而形成谷地，这种地势起伏与原背斜构造互相协调形成背斜。青衣江流经雅安向斜，两岸发育有 1～5 级阶地，它们是第四纪以来新构造运动的产物。

2. 金鸡关背斜

金鸡关背斜，实际上是周公山背斜北端的倾覆构造，轴向北东 20º，核部出露灌口组，翼部为名山群，倾伏端的地层出露一般呈弧形状，形成的单面山也呈弧形排列，而且构造坡倾向坡外，逆向坡朝向坡内。在倾伏端，青衣江沿弧形出露的软岩层流动，切割成半环状水系，河谷宽达 1～3 k m，均为第四纪冲积物所覆盖，形成基底和河漫滩。

3. 名山向斜

名山向斜，位于蒙山背斜之东，南起雅安凤鸣一带，向北延伸长约 50 km，轴线走向北东 35°左右，北西翼与蒙山背斜南东翼相连，向斜槽部大多为第四纪物质覆盖，形成 1～5 级阶地。翼部名山群粉砂岩、泥岩所形成的单面山丘陵，因岩层和土壤透水性差，常出现小型的崩塌。

4．蒙山背斜

蒙山背斜，核部出露侏罗纪彭来镇组地层，翼部依次为白垩纪地层，两翼伴有走向断层，南东翼的蒙泉院大石板正断层，地貌上显现出一系列陡坡、陡崖，称断层崖。北西翼有吴家山庙子岗正断层，两翼为相对下降盘，轴部为上升盘，致使背斜山的外貌呈几字形。因此，蒙山既是背斜山，又是壁垒。蒙山又称蒙顶山，主峰蒙顶海拔 1 440 m，山上多云雾，自古盛产优质名茶，素以“扬子江中水，蒙山顶上茶”闻名于世，蒙顶山风景秀丽，以其旖旎的景色吸引着人们，早已成为省级自然风景旅游区的游览中心。蒙山背斜分别被青衣江及其支流陇西河横穿切过，形成了多功峡和陇西峡两个峡谷，成为天然的地质剖面，为我们观察提供了方便。

多功峡位于雅安市西郊，由青衣江横切蒙山背斜南段而成，峡谷呈北西—南东向，峡谷东口出露的灌口组地层，由于新口店冲断层破坏，使倾向南东的岩层被挤压成了直立状态。断层破碎带则是大气降水渗入地下的天然通道，水会沿着这些看不见的天然水管，渗透储存，再溢出地表，一般水质良好，是人们最好的饮用水。灌口组地层以棕红、紫红色粉砂质泥岩为主，夹粉砂岩和细砂岩，上部夹泥灰岩、钙芒硝，岩层具微细水平层理，层面上留有波峰尖锐、波谷圆滑、对称性高的浪成波痕。岩层内还有一些白色小洞，小洞中的白色物质与稀盐酸发生剧烈反应。从这些岩相特征可以判断，灌口组为咸湖条件下形成的沉积岩。水平微细层理和浪成波痕反映出当时湖水比较稳定和平静。波痕不但有助于判别成岩环境，而且还可以用它来鉴别地层层序。根据波痕的顶尖底圆，可以确定，层面是底面，在底面一方的地层较老。岩石中的白色小洞，是成岩后的产物。原来岩石中沉淀的 $CaCO_3$ 被地下水溶解后留下小空洞，后来当饱含 $Ca(HCO)_3$ 的地下水运动到空洞中，$CaCO_3$ 又重新沉淀于洞壁上，填充成杏仁体或成方解石晶簇的晶洞。夹关组地层伏于灌口组之下，为棕红色厚状砂层与粉砂岩，夹薄层泥岩，底部有数米厚的泥岩。岩层中的多组斜层理，反映了沉积时水流运动方向频繁变化。下白垩统天马山组出露在接近背斜轴部，岩层紫红鲜艳，以砂岩为主，底部有数米厚的砾岩。夹关组天马山组的砂岩可开采成有用的建材。上侏罗统蓬莱镇组未见大面积出露，仅在多功峡的剖面上见到。雄奇险峻的多功峡可谓天高悬一线，水激泄三江，这三峡锁云天、碧水拥翡翠的景色显示了青衣江强大的侵蚀功能。当然它的形成还与新构造运动有关，从那陡峭边坡上的阶地地貌告诉了我们，它是新构造运动地壳间歇性抬升留下的标记。

陇西峡位于雅安市北郊，由陇西河斜穿切割蒙山背斜而成。陇西河是青衣江支流，切割比青衣江要浅些，只出露白垩纪地层。由于蒙泉院大石板断层造成峡谷内断层破碎带，形成大滑坡，滑坡体前缘伸入陇西河，阻塞河道成为峡谷内重点治理地段，峡谷内两山相依，陡崖成峰，飞岩四起，瀑布似如飞燕，却是藏在深山人未知的旅游处女地。

5．中里向斜

属蒙山背斜北西翼上的次一级褶曲，由吴家山、庙子岗断层和新开店断层之间的下降断块受挤压而成，确切地说，它是地堑式的向斜。中里向斜，翼部由上白垩统灌口组组成，槽部零星残留下第三纪名山群，陇西河沿岸阶地发育，宽阔的第一级阶地成为山间小平原，是粮食作物的高产农田。在向斜槽部的一级阶地上，有的土壤颜色特别黑，这是因为土壤的不同深度埋藏的泥炭层，有的因侵蚀或耕作使之暴露出地表。这种含泥炭的土壤呈强酸性反应，限制了作物生成。经采取改良措施后已能够适应各种作物生长了。中里向斜，形成的单面山丘陵，呈弧形排列。与倾覆端不同的是，构造坡朝向坡内，导致了区内区域性排水不良，土壤严重下湿，近期采用了开沟排水，已取得良好成效。从上里往北约 5 km 处有一恒温间隙泉叫白马泉，因泉水从洞中涌出后，退潮时发出马蹄响声而得名。白马泉的形成与地质构造有密切关系，它处于断层带附近，断层破碎带的裂隙、洞隙彼此相连，可以视成为地下水形成的虹吸管，水流不断从左边通道流入气蚀室，气蚀水面渐渐升高，空间越来越小，压强不断增大，当气压达到了一定程度时虹吸管左侧的水体突然向右侧压缩，大量水流骤然流出，便形成一次涌水，这样，周而复始的虹吸作用，也就形成了间隙泉。

6. 芦山向斜

与周围向斜相连的是一个开阔、平缓、两翼大体对称的向斜。轴线经芦山县城，槽部出露下第三纪芦山组棕红色泥岩，夹粉砂质泥岩，现已被侵蚀成为向斜丘。翼部名山群和灌口组形成单面山地貌，河流沿岸阶地发育，犹以一级和二级阶地最为宽广。

芦山向斜区内有两个不同寻常的现象：

一个是向斜东西两翼出露的名山群和白垩系地层，岩石性质差异大，北西翼碎屑颗粒粗，南东翼颗粒细，这一特殊现象需要从岩相古地理环境去分析。早在白垩纪时期，燕山运动兴起，西部强烈抬升，流水将山地剥蚀下来的碎屑在山前形成了洪积扇群，洪积扇的沉积规律是：扇顶沉积物粗而厚，扇缘沉积物细而薄。现在的芦山，当时正处于洪积扇上，从西至东沉积物由粗的砾石过度为砂、粉砂、黏土。后来大约在距今 2500 万年的晚第三纪喜马拉雅运动，芦山向斜随之形成，这样也就出现了两翼岩相变化悬殊的现象。

另一个不寻常现象是，在向斜槽部陇新乡一带，一级和二级的阶地面上散布着许多大小不等的砾岩岩块，从分布情况看，表明他们是阶地的“外来户”，那么物源从何而来？什么原因来？如何来的呢？带着这些问题，我们观察了向斜两翼的岩石，散布于阶地面上的砾岩，恰与西翼白垩系灌口组的砾岩十分相同，因而可以判断物源来自西翼，原因是近代喜马拉雅运动引起了西翼的分支大川断裂带的次级分支强烈活动，岩石被挤压而飞溅到阶地面上。现在看到的缺口就是砾岩岩块的出口，飞溅出来的这些岩块称它们为“飞来石”，由于“飞来石”的覆盖，使原来比较肥沃的土壤成为夹砾石很多的砾石土。芦山向斜周边受青衣江及其支流切割形成了四个峡谷，这四个峡谷成为芦山县城通往邻县的必经之道，东部的多功峡与雅安接壤，北部的金鸡峡是邛崃古道的重要关隘，西部的大岩峡、铜头峡通往宝兴县，芦山县作为东汉、蜀汉西南边防重镇，这些名峡雄关曾立下汗马功劳。金鸡峡位于芦山城北，距县城约 16 km，由大川河切穿向斜，被昂扬端而成。出露白垩纪地层，以厚层状砂岩和砾岩为主。峡谷两壁耸立，四季清新，爽快宜人，河水滔滔，流经期间，玉溪电站，横亘谷中，旅游资源和水利资源都有待进一步开发利用。大岩峡、铜头峡横穿芦山向斜西翼，厚层的红色砾岩经侵蚀发育成秀丽迷人的丹霞地貌。大岩峡由芦山河的支流西川河横切而成，峡谷呈近东西向，长约 5 km。峡谷内清幽险峻，峭壁陡崖，残岩凌空，飞瀑直挂，流水湍急，无数钟乳石悬立谷壁，谷底满布崩塌石块，素有“十里一线天”之称。峡谷西头在一块巨大的岩石表面上留有平行排列的断层擦痕，断层擦痕是断层的重要标志之一，附近就是双石—大川断裂带。

上三叠统居家河组炭质泥岩逆冲于上侏罗统蓬莱镇组之上，属逆断层。

铜头峡位于大岩峡之南，由宝兴河横切芦山向斜西翼而成，峡谷内奇峰林立，河谷深切、落差大、水流急，呈现出红岩绿水的景观。

7. 宝兴背斜

属龙门山褶断带，位于芦山向斜以西。背斜构造复杂，两翼被断层破坏。南东翼还有飞来峰，地层从前震旦系至上三叠统，其中缺失寒武系、石炭系，出露的岩石类型齐全。

沉积岩：南东翼有居家河组砂岩、砂质页岩、炭质页岩。灵关附近有自留系、泥盆系碳酸盐岩直立于居家河组之上形成飞来峰。其根源来自于背斜北西翼。北西翼碳酸盐岩较多，溶洞发育形成石岩、石柱等石钟乳。

岩浆岩：上二叠统峨眉山玄武岩在背斜东翼小关子附近，呈多角形柱状，因为岩浆岩冷凝收缩呈六方柱状节理，前震旦系花岗岩、凝灰岩出露在背斜核部。

变质岩：背斜轴部由前震旦系宝兴闸岩和盐井群地层。宝兴闸岩面貌极为复杂，主要有灰长变砾岩、角闪斜长变砾岩组成，花岗岩也十分普遍。盐井群由变质沉积岩和变质火山岩相间组成，由板岩、绢云母千枚岩、黑色炭质千枚岩，还有片麻岩、白色石英岩、大理岩等。具片理构造的岩石，风化剥蚀后形成梳状地貌，它的特点是在山顶上突起呈齿状山脊，每一个山脊的倾斜与岩层片理构造的倾斜基本一致。

两河峡谷是宝兴之流西河横穿背斜西翼而成，峡谷略成东西向，在峡谷西头有互相平行的武隆断层和盐井断层，断层面倾向北西，构成叠瓦式，被挤压冲出的岩片沿着断层面冲出，较大量的越过背斜，到达南东翼，在灵关一带形成飞来峰，其根源就源于此。峡谷内出露碳酸盐岩较多，谷壁上溶洞成层，溪泉交汇，悬泉瀑布飞流其间，清澈甘甜的地下水从洞中涌出补给着地表河流。宝兴背斜沟谷发育，常在沟谷出口处形成小型扇地，一些场镇多坐落在这些扇地上，规模最大的要数武隆洪积扇，因受新构造运动、地壳间歇性抬升的影响可见数级洪积扇台地。

3.1.2 地史与地貌发育

雅安地区，位于扬子准地台的四川台坳西角，大约在距今 8 亿 5 千万年前的印支运动使震旦系以前的地层变质，且有岩浆侵入和喷发，从晚震旦世起直至中三叠世，大部分时间为海域环境，其中发生了两件大事：

第一件事是，大约距今 2 亿 5 千万年前的晚二叠世，因海西运动，在四川、云南岩浆大规模喷出，形成了广布 $30\times10^4\ km^2$ 的玄武岩，称峨眉山玄武岩。

第二件事是，在早三叠世龙门山上升，它的东部成为半封闭的内海，晚三叠世以后，由于印支运动，引起龙门山褶皱、宝兴背斜及断裂形成，东部变成一个淡水湖，四川盆地也就开始出现。白垩纪时，燕山运动使宝兴活动增强，山前形成了洪积扇群，快速沉积厚达千米以上的洪积扇堆积，东部盆地缩小，成为咸湖。早晚第三纪之间，喜马拉雅运动第一幕兴起，东部白垩系和下第三系发生褶皱和断裂，形成了芦山向斜、蒙山背斜、雅安向斜、周公山背斜等褶曲，从此地表就一直遭受风化和剥蚀了。进入第四纪后，喜马拉雅运动第二幕、第三幕表现为间歇性抬升，侵蚀切割加剧，在流水的雕刻塑造下，形成了洪积扇、河成阶地、峡谷、单面山、向斜山，还有背斜谷等多姿多样的自然地貌景观。

3.1.3　资源优势

雅安地区的构造地貌形成了秀丽的自然景观和丰富的资源，其中以石材、水力和生物三大资源占优势。

1. 石　材

白色大理石矿，出露在宝兴锅巴岩，产于前震旦系盐井群，由石灰岩变质而来，结晶良好，矿石晶莹纯洁，以熟白玉著称，可加工成薄板或工艺美术雕刻。红色花岗石矿，出露于宝兴背斜核部，以钾长石、石英为主，颜色红艳、中粗粒结构，装饰性好，成为“中国红”，加工成薄板，可与著名的“印度红”相媲美。

2. 水力资源

青衣江源出林区，流域内雨量充沛，水力丰富，峡谷形河段多，落差大，平均比降为 19.2‰，具有强大的水能，已建有玉溪峡、大岩峡、铜头峡等大型水力发电枢纽，今后还将建设更多的水力发电枢纽。

3. 大熊猫的故乡

大熊猫，是第四纪冰川时期幸存下来的“活化石”，是我国独有的珍稀动物，宝兴背斜区峰峦叠嶂，森林茂盛，翠竹葱茏，气候适宜，为大熊猫提供了丰富的食物和良好的生活栖息环境。蜂桶寨自然保护区生活着三百多只大熊猫，占中国大熊猫总数的四分之一。全世界第一个大熊猫标本和第一只活的大熊猫出国均来自这里。宝兴以大熊猫的故乡而驰名于世。

3.2　“4・20”芦山强烈地震

3.2.1　“4・20”芦山地震

1. 概　述

2013 年 4 月 20 日四川省雅安市芦山县（北纬 30.3°，东经 103.0°）发生 7.0 级地震。震源深度 13 km。震中距成都约 100 km。成都、重庆及陕西的宝鸡、汉中、安康等地均有较强震感。震中芦山县龙门乡 99%以上房屋垮塌，卫生院、住院部停止工作，停水停电。截至 2013 年 4 月 24 日 10 时，共发生余震 4 045 次，3 级以上余震 103 次，最大余震 5.7 级。受灾人口 152 万，受灾面积 12 500 km^2。据中国地震局网站消息，截至 24 日 14 时 30 分，地震共计造成 196 人死亡，失踪 21 人，11 470 人受伤。

2. 地震对地质环境的影响

芦山地震对地质环境的影响无论在强度上还是在广度上均不及汶川地震，但在震中区、高烈度区峡谷段和双石—大川断裂带所在的槽谷带以及前陆盆地影响较大，主要表现在带状次生山地灾害、次生灾害加剧泥石流风险、斜坡土层震裂及砂土液化等。强影响区在太平—

宝盛一带；峡谷段及前陆盆地为较强影响区，外围为一般影响区（见图 3.1）。由于芦山地震灾区降雨充沛，震后正处雨季，降雨所造成的峡谷段崩塌、坡面泥石流及沟谷泥石流次生灾害链使脆弱的地质环境更加恶化，圈定这些影响区可为灾后地质环境修复提供依据。

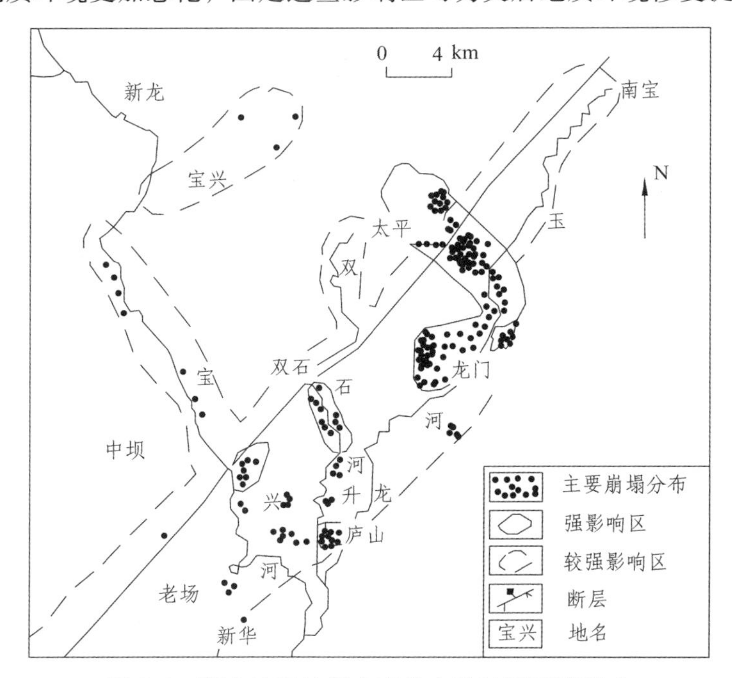

图 3.1 芦山地震地质灾害分布及地质环境影响

（1）带状崩塌灾害。

芦山地震诱发的次生山地灾害以带状小规模崩塌为主，崩塌量多在数十至数百立方米，部分达数千立方米。崩塌以双石—大川断裂为轴线，形成一个长约 50 km、宽 20 ~ 30 km 的北东向条带，“4 · 20”芦山 7.0 级地震地理信息发布平台公布的崩塌点约 355 处，后经进一步解译及现场复核，崩塌点为 703 处。崩塌空间分布有以下特征：① 沿双石—大川断裂带成带状分布，双石—大川断裂地貌成明显的北东向槽谷，上盘为须家河组砂、泥岩组成的顺向坡，下盘为白垩系砂砾岩组成的反向坡，下盘比上盘高陡，槽谷两侧斜坡均有地震崩塌分布，现场调查揭示，震中区崩塌灾害密度最大，占灾害总数的 78.7%。② 沿穿越断裂上、下盘的几条北西向峡谷（如天全河、老场—大庙、宝兴河、双石河、玉溪河峡谷）发育，这些峡谷多为北西走向，与构造线方向大角度相交或垂直，以横向谷为主，谷底宽 20 m 至数十米，两侧谷坡高陡，近于直立，为典型的一线天式峡谷，危岩体发育。强风化的坡顶部位松动岩体及稳定性差的坡体中上部楔形体在地震过程中失稳形成大量的崩塌体。③零星崩塌或滑塌，多出现在人工削坡（如宝兴县城下游人工边坡崩塌、河谷侵蚀岸等）较陡部位。

（2）泥石流发生概率加大。

在一些支沟内，崩塌物源丰富：双石峡左岸的北东向后坝沟内，反倾陡坡上部发育 8 处崩塌，新增松散物源超过 2×10^4 m^3（见图 3.2），为震后极端气候条件下发生泥石流灾害链创造了条件；宝兴县城附近的冷木沟在汶川地震时已形成大量物源，于 2012 年 8 月 18 日凌晨发生中型泥石流，芦山地震使该沟物源进一步增加，震后再次发生泥石流的可能性增大，直接威胁宝兴县城；在一些陡—缓—陡组合的坡面上，坡缘崩塌过程中体积大的岩块动能大直接滚入坡脚，但粒径较小的细颗粒物堆积在坡体中部的缓坡上，震后降雨条件下极易形成坡面泥石流，危及坡脚居民、道路、管线等。由于沟道及坡面物源的增加，灾后发生泥石流的概率明显增大。

图 3.2　双石峡左岸后坝沟陡坡段密集崩塌

（3）斜坡覆盖层震裂。

覆盖层斜坡震裂现象在震中区较多，以太平镇右岸斜坡最为典型，在斜坡中上部分布有 4 ~ 5 条延伸十余米的拉裂缝，裂缝宽 6 ~ 7 cm，垂直错位 3 cm；其他高烈度区也有类似现象，如芦山县龙门乡右岸斜坡、天全县仁义乡和老场乡均在斜坡地带出现长十余米至数十米拉裂缝，个别地方甚至出现达百余米的拉裂缝。乡道和村道路基外侧边坡在地震中震裂、塌滑较多（见图 3.3、图 3.4），特别是一些半挖半填的公路路基在地震时因填筑体震动压密，沉降量大于内侧基岩路基，导致路基出现长几米甚至数十米拉裂缝，裂缝一般宽 5 ~ 6 cm，下挫 4 ~ 10 cm，可见深度 50 ~ 60 cm。在地震过程中，一些斜坡碎石砂土地基内部山体因震动固结而压密，体积减小，而上部的块碎石或硬化路面未同步变形而被架空，震后出现塌陷现象，龙门乡龙平山村民地震后感觉地下是空的，应该与都江堰震后的震密塌陷机理类似，应做好相应的防范工作。

图 3.3　清仁乡土质斜坡拉裂缝

图 3.4　太平镇道路塌陷

图 3.5　双石镇一级阶地上喷水冒砂现象

图 3.6　冒砂子 L 沿断层呈线状分布

（4）砂土液化。

在双石镇一带沿断裂带有喷水冒砂现象（砂土液化）和断续的地表破裂。喷水冒砂出现在双石镇南西侧的一级阶地及坡积体上，一级阶地阶面高出河床 2 ~ 3 m，具有典型的二元结构：中下部为卵砾石夹细砂层透镜体；上部为壤土，下伏基岩为须家河组含煤系地层。喷水冒砂呈带状分布，带长 5 m，空间上与发震断裂一致（见图 3.5、3.6）。冒砂孔直径 3 ~ 5 cm，多成圆形，少数冒砂孔两连呈椭圆形，短轴 4 ~ 5 cm，长轴 15 ~ 20 cm，冒出的砂以细砂为主，黄色，空间上形成一条黄色的砂带。冒砂带南东侧 2 m 处新建的民房地基开裂明显，裂缝方向与砂带延伸方向一致，应与冒砂变形有明显的相关性。在双河村二组坡积体内也出现冒黑色含煤砂层，带有粉土，水呈黑色，应是地震时发震断裂高频震动的结果。

（5）覆盖层场地效应使前陆盆地烈度异常。

芦山地震在断裂带下盘，距发震断层 6 ~ 10 km 的前陆盆地震害严重（见图 3.7、3.8）。当覆盖层厚度大于 5 m 时，覆盖层对地震波有放大作用，当地震波放大后，波长变长，周期变慢，即场地的特征周期接近砖混结构的自振周期，从而引起共振。现场调查发现，龙门、清源、清仁、老场、仁义等位于发震断层下盘的前陆盆地上，房屋震害均较严重，震害严重的房屋均位于厚覆盖场地，而且没有进行正规的地基处理，房屋为 20 世纪八九十年代建的砖混结构或老式木结构，在场地效应作用下，震害会明显加剧。而相邻的框架结构房屋（地基经过处理）震害较轻（见图 3.7）。

图 3.7　清仁乡震裂的楼房

图 3.8　龙门乡倒塌的楼房

3.3　雅安水系

3.3.1　大渡河流域简介

大渡河，位于四川省中西部，发源于青海省玉树藏族自治州境内巴颜喀拉山南麓，向南入四川省分别流经阿坝藏族羌族自治州、甘孜藏族自治州、雅安市、凉山彝族自治州、乐山市，长 1 155 km。主源大金川发源于青海、四川边境的果洛山，在四川丹巴县与小金川汇合后称大渡河，至乐山市入岷江，长 909 km，流域面积 82 700 km^2，其中在金口河段的金口大峡谷最为著名，被誉为“世界最具魅力的天然公园”。

1. 水系简介

大渡河是岷江水系最大的一级支流，于甘洛县黑马乡北部进入凉山，又由乌斯大桥出境，是甘洛县与雅安汉源县的界河，州内长 35 km，水面宽 130 m。州内流域面积 4 526 km^2。大渡河流域形状呈长条形，州内主要支流有尼日河入汇。此外州内属大渡河水系的还有源于冕宁冶勒乡的南桠河。

大渡河为高山峡谷型河流，地势险峻，水流汹涌，自古有“大渡天险”之说。水流丰沛稳定，主要是降水和有少量融雪补给。河口多年平均流量 1 570 m^3/s。尼日河，是大渡河的一级支流，源于喜德县尼波小相岭北麓，自南向北流经越西、甘洛，在甘洛黑马乡东部尼日附近汇入大渡河。全长 135 km，水面平均宽 62 m，流域面积 4 130 km^2。尼日河最大洪水流量 1 800 m^3/s，枯季最小流量 18.2 m^3/s，多年平均流量 117 m^3/s，径流量 38.35×10^8 m^3，主要由降水补给。

尼日河原名牛日河。上游喜德境内称尼日波河；越西河裤裆沟出口与越西河汇口以上称普雄河，河谷较为开阔，水流平缓；汇口以下称漫滩河，进入峡谷区；甘洛境内呷日段称果觉河，甘洛县城以下称尼日河，此段河流深切，河床平均比降 11‰。

2. 起源发展

大渡河作为岷江最大支流，是长江的二级支流，位于四川省西部，古称“沫水”。发源于青海省境内的果洛山东南麓。东源有阿柯河和麻尔柯河，于阿坝南部汇合后称足木足河；西源有多柯河和色曲河，于埌塘南部汇合后称绰斯甲河。足木足河与绰斯甲河汇合后称大金川，是大渡河主流，南流至丹巴同来自东北的小金川汇合后称大渡河。

在石棉县折向东流，到乐山市草鞋渡纳青衣江后入岷江。长 1 062 km，流域面积 7.77×10^4 km^2。流域内沟谷纵横，支流众多，干支流之间组合呈羽状水系。多年平均径流总量 456×10^8 m^3，河口处多年平均流量 1 490 m^3/s。水力理论蕴藏量丰富，可开发装机 $2\,336.8\times10^4$ kW。其中干流别格尔至乐山市长 584 km，天然落差 2 788 m，水力蕴藏量 $2\,075\times10^4$ kW，是水能资源比较集中的河段。

大渡河是我国规划建设的重要水电基地，水能资源丰富，共规划一级电站 22 级，规划装机总容量超过 $2\,500\times10^4$ kW。已经建成的有：于 1971—1978 年陆续投产的龚嘴水电站，装机容量为 72×10^4 kW；于 1992—1994 年陆续投产的铜街子电站，装机容量为 60×10^4 kW。为了保证大渡河流域梯级开发整体效益的充分发挥，加快梯级电站开发步伐，国家制定了“以国电大渡河公司为主，适当多元投资，分段统筹开发”的水电开发方案。大渡河双江口铜街子河段按双江口至猴子岩、长河坝至老鹰岩、瀑布沟至铜街子三段统筹开发。上段和下段各梯级电站由国电大渡河流域水电开发有限公司进行开发，其中装机容量为 330×10^4 kW 的瀑布沟水电站于 2010 年全部建成投产，装机容量为 66×10^4 kW 的深溪沟水电站将于 2011 年全部建成投产；由国电大渡河公司负责建设大岗山水电站，大唐集团公司开展长河坝、黄金坪，华电集团公司开展泸定水电站和中旭投资有限公司开展龙头石水电站项目的前期工作。

3．河流特色

大渡河是岷江最大支流。源头有三：东源梭磨河出自鹧鸪山西北；西源绰斯甲河（多柯河）与正源足木足河（麻尔柯河、阿柯河）均源自阿尼玛卿山脉的果洛山东南麓。三源汇于可尔因称大金川，南流至丹巴接纳小金川后称大渡河，于乐山注入岷江。全长 852 km，流域面积 7.7×10^4 km^2。主要支流有青衣江、小金川、越西河等。

大渡河以泸定和铜街子为界划分为上、中、下游三段。上游段可尔因以北，蜿蜒于海拔 3 600 m 的丘状高原上，河谷宽浅，支流众多。可尔因以南穿行大雪山和邛崃山之间，河谷深切，谷坡陡峻，水流湍急；中游段穿行大雪山、小相岭、夹金山、二郎山、大相岭之间，山高谷深，岭谷高差达 1 000～2 000 m，支流较多；下游段过大凉山、峨眉山入四川盆地，河谷开阔，水流滞缓，分汊较多，多阶地、河漫滩、沙洲。

大渡河径流补给上游以融雪水、地下水为主，中下游以降水为主。径流集中 6—10 月，占全年 70%，尤以川西山地，是中国著名暴雨中心，水量大，汛期长，洪水暴涨。干流下游建有龚嘴电站。峨边以下可通航。大渡河流域也是四川重要林区和石棉、云母的最大产地，森林蓄积量约占四川 19%。大渡河也是四川木材水运的主要河道，承担了四川木材水运总量的一半以上。

3.3.2 青衣江简介

青衣江古称青衣水，唐代又名平羌水，清代称雅河，历史上原为羌族聚居地，古有“青衣羌国”之称。青衣江主源为宝兴河，发源于邛崃山脉巴朗山与夹金山之间的蜀西营（海拔高程 4 930 m），流经宝兴在飞仙关处与天全河、荥经河汇合后，始称青衣江，经雅安、洪雅、夹江于乐山草鞋渡处汇入大渡河。

1．流域概况

（1）地理位置

青衣江在飞仙关以上为上游，河长 147 km，控制集雨面积 8 750 km^2，飞仙关以下为中下游，河长 142 km，区间集雨面积 4 147 km^2。总计干流长 289 km，落差 2 844 m，流域面积 12 897 km^2 青衣江流域地形大致以炳灵、荥经、天全、灵关、大川一线为界，分东西两大片。东面属低山丘陵区，地势平缓，海拔高程 600～1 100 m，河谷呈“U”形，有宽阔的漫滩和阶地，河道比降约 1.8‰。出露地层多属侏罗系及白垩系，地质构造较单一，以折皱变动为主，河床覆盖较浅，地震烈度Ⅵ～Ⅶ度。西面约占流域面积的 60%，多为高山峡谷。人口稀疏，耕地较少，森林广布，覆盖良好，海拔高程一般在 1 000 m 以上，河谷多呈“V”形，漫滩阶地极少，河道比降大于 8‰。区内出露地层多属古生界，地质构造复杂，折皱强烈，断裂发育，地震烈度为Ⅶ～Ⅷ度。

（2）气候

青衣江流域属亚热带湿润气候区，受地理位置、地形制约和季风环流的影响，具有春早气温多变化，夏无酷热雨集中，秋多绵雨湿度大，冬无严寒霜雪少的特点，多年平均气温 15～18 °C。流域内大部分处于暴雨区，雨量丰沛，但地区变化较大，大致由西北向东南递增，北部宝兴多年平均降雨量仅 790 mm，而东部雅安 1 800 mm，荥经麓池竟达 2 400 mm 以上，雨量多集中在 7～9 月，占全年 60%左右，而春灌期的 3～5 月仅占 17%。流域内径流与降雨基本一致，河口（海拔 361.2 m）多年平均径流量 171×10^8 m³。洪水多出现在 6 月下旬～9 月中旬，且具有峰高、量大的特点，历时 3～5 天。河流泥砂主要来自多营坪以上干支流。多营坪站年平均输砂量为 923 万吨，汛期（5～10 月）砂量为 909 万吨，多年平均含砂量约 0.783 kg/m³。

（3）经济

青衣江流域涉及雅安、眉山、乐山三地（市），流域内总人口约 135 万人，其中农业人口占 83%，耕地总面积约 128.7 万亩（1 亩 = 666.7 m²），国民生产总值 51.8 亿元，多集中在雅安、洪雅、夹江等地。区内有川藏、川滇公路穿过，成雅高速公路以及县级、乡级公路与之相连。矿产资源以花岗石、大理石最为丰富，其次为煤、铅锌矿等。自 80 年代以来流域内工业发展较快，初步形成了以雅安为中心，以电力、采矿、机械、化工、轻纺等行业为主体的工业体系。

（4）能源开发

青衣江水系水力资源十分丰富，干支流水能理论蕴藏量合计 5 824 MW，技术可开发量 3 602.4 MW，经济可开发量 3 118.2 MW。芦山河上规划 12 级开发，共装机 123.8 MW；周公河上规划 7 级开发，装机 364.9 MW。

（5）水利灌溉

流域内有大型灌区一处，即玉溪河水利工程灌区，从芦山县宝盛乡引玉溪河水灌溉芦山、名山、邛崃、蒲江四县（区），有效灌面 3.36×10^4 hm²（其中，流域外灌面 2.14×10^4 hm²）。流域内还有中型渠堰 9 处，中型水库 1 处，小型水库 7 处。以上总计有效灌溉面积 5.12×10^4 hm²。其中，位于乐山市境内的中型灌区有 4 处，即跃进渠、东风堰、牛头堰、江公堰，灌溉夹江县、峨眉山市及乐山市中区共 1.28×10^4 hm² 农田。

（6）水质与泥砂

由于流域内植被良好，森林覆盖率高，青衣江的水质基本良好，干流及主要支流河段多为Ⅱ级以上水质，符合饮用水标准。泥砂含量也相对较小，据夹江水文站实测资料分析，其多年平均值为 609 g/m³，相当于沱江的 62%，嘉陵江的 26%，黄河三门峡的 1.4%。

2. 开发意见

（1）上游

青衣江上游为山区河流，生产和生活用水量不大，目前在支流玉溪河已建成玉溪河引水工程，灌溉岷江以西的 86.64 万亩耕地。干流从宝兴县硗碛至飞仙关三江口近 97 km 河段内，天然落差 1 395 m，平均比降 14.4‰。硗碛乡河段地势较为开阔平坦，河床平均比降 7‰，具备建大型龙头水库的地形地质条件，宝兴河干流规划为 8 级开发，从上至下依次为：穿洞子

（45 MW）、硗碛“龙头”水库电站（176 MW）、民治（105 MW）、宝兴（160 MW）、小关子（160 MW）、灵关（54 MW）、铜头（80 MW 已建）、灵关河（36 MW），共利用落差 1 416 m，总装机容量 816 MW，年发电 43.3×10^{8} kW · h。

（2）中下游

中、下游的开发目标是以长征渠引水工程为中心，以灌溉为主，兼顾防洪，结合城乡生活用水及发电。长征渠引水工程，取水枢纽位于洪雅罗坝场上游 3 km 处的槽渔滩，控制流域面积 1.08×10^{4} km^2，多年平均流量 489 m^3/s，径流量 154×10^{8} m^3，取水高程 516.4 m，设计流量 230 m^3/s，规划灌溉面积 1 400 万亩，其中四川省 1 015.65 万亩，重庆市 384.35 万亩。

青衣江干流槽渔滩以下河段，开发目标主要是沿江的工业和城乡生活用水、灌溉和防洪，兼有发电。在长征渠引水工程未实施以前，为充分利用水能资源，根据实际情况，采用低闸坝河床式和混合式开发兴建梯级电站，如水津关、龟都府、高凤山、洪州、城东等 11 级中型水电站和 5 座引水式小电站，合计装机 820.6 MW，年发电量 42.32×10^{8} kW · h。目前已建成雨城（60 MW），槽渔滩（75 M）、城东（75 MW）、高凤山（75 MW）等，在建龟都府水电站（62 MW）、水津关水电站等。

（3）开发任务

根据青衣江水资源开发条件和国民经济各部门的发展需要，开发任务为：上游以发电为主，其次为灌溉、防洪；中下游则以灌溉、防洪为主，兼顾发电和水源保护等。

（4）主要支流

① 宝兴河

宝兴河系青衣江主源，发源于夹金山东段巴朗山南麓蚂蟥沟，上游分为东、西两河，东河为主流，两河在宝兴县城上游 2 km 处的两河口相汇合后始称宝兴河。河流由北向南流经中坝、灵关、铜头、思延等地后，在芦山城下游三江口左纳玉溪河，南流至飞仙关与天全河、荥经河汇合后则称青衣江。

宝兴河流域地处盆地西缘，上游紧靠阿坝高原，地理位置在东经 102°28′ ~ 103°02′，北纬 30°09′ ~ 30°56′区域内。域内地势西北高、东南低、水系较发育。流域形如阔叶状，平均宽度约 55 km 流域北、西部以夹金山分界与大渡河流域为邻，分水岭海拔高均在 4 000 m 以上，东部与岷江流域接壤，分永岭海拔为 1 850 ~ 4 000 m，南部则与天全河及青衣江干流相连。

宝兴河在两河口以上为上游，系高山峡谷区，支流主要集中在该区内，河床深切，河谷多呈“V”形。岸坡陡峭，滩多流急；两河口下至铜头场为中游段，河谷宽窄相同，最窄处仅 30 余米，最宽处则如灵关镇属上、中、下坝等河谷盆地，宽 300 ~ 600 m，为宝兴县主产粮区和乡镇企业开发区；铜头场以下为下游段，属低山深丘地带，河谷较开阔均匀，耕地集中，为芦山县主要工农业区。

② 玉溪河

玉溪河又称芦山河，流域面积 1 397 km^2，河长 113 km，落差 3 595 m，其开发任务是灌溉和发电。早在 70 年代兴建的玉溪河大型引水工程，渠首位于芦山县宝盛乡，跨流域灌溉芦山、邛崃、蒲江、名山等县 86.64 万亩耕地，并利用渠道跌水已建成小水电站总装机 30 MW。玉溪河水力资源开发在金鸡峡以上 12 级开发，共装机 123.8 MW，年发电量 6.64×10^{8}kW ·h。其中单站装机在 10 MW 有马桑坪（10.1 MW）、长石坝（10 MW）、宝珠山（18.9 MW）和金鸡峡水库电站（42 MW）四座。金鸡峡水库总库容 3.5×10^8 m³，系玉溪河引水工程的规划的调节水库。

③ 周公河

周公河是青衣江右岸一级支流，流域面积 1078 km²，河长 95 km，落差 1757 m。炳灵以下至河口规划为 7 级开发，即瓦屋山（240 MW）、葫芦坝（26 MW）、将军坡（18.9 MW）、砂坪（40 MW）、河坪（13 MW）、大石板（13 MW）和周公河（14 MW），共装机 364.9 MW，年发电量 13.66×10^8kW · h。第一级瓦屋山水库电站（总库容 5.62×10^8 m³），已完成初步设计，建设条件优越，调节性能高，可承担四川电网的部分调峰调频任务。

④ 名山河

名山河，青衣江左岸一级支流，古称清溪、小溪、名山水、蒙水。河流发源于雅安市下里乡蒙山（王家山），东绕名山北坡，于鸳鸯桥人名山县境，左纳横山庙沟，折向南流，左纳双溪沟，南流经名山县城东，右纳槐溪，折而东流，左纳陆家沟，右纳凤鸣沟；以下有 S 形河曲，曲折南流，经永兴镇，左纳楠庙沟（沼海），又东流至红岩，左纳延镇河，南流入雅安市境，过合江镇，转南至龟都府止水岩，汇入青衣江。名山河河长 50 km，流域面积 390 km²。

流域河系发育，支流密布，最大的支流为延镇河。延镇河又称盐井沟，发源于名山县靳岗一带山冈。西南流过双河乡，于车岭镇右纳大陈沟后转南偏西流，经石堰、凤凰、林泉，于红岩汇入名山河。延镇河河长 33 km，流域面积 136 km²。

名山河流域地处四川盆地西部边缘，西部有蒙山、系名山县与雅安市分界山，海拔 1 000 ~ 1 440 m，相对高度约 700 m；东部有总岗石，系名山县与丹棱县、洪雅县界山，为北东—南西走向的条状山脉。两山之间为台状阶地，属名邛蒲阶地，地貌以丘陵、坪岗为主，海拔 650 ~ 850 m，顶面相对高差 30 ~ 50 m。平坝多由河流冲积而成，分布在名山河及支流延镇河中下游沿岸的城西、永兴、新场、车岭一带，海拔在 650 m 以下。全流域最高处为蒙山顶峰，海拔 1 440 m，最低处为名山河河口，海拔 540 m。全流域相对高差 900 m。

该流域呈大陆性湿润气候，四季分明，气候温和，湿润多雨；年均温 15.5 °C，1 月均温 5.4 °C，7 月均温 24.6 °C，极端最高气温 34.7 °C（出现在 1975 年 12 月 14 日），极端最低气温 – 5.4 °C（出现在 1977 年 8 月 3 日）；无霜期 297 天，年平均降水量 1 513 mm，年平均蒸发量 965 mm。主要灾害性天气：冬季多寒潮，春季多低温，夏季多暴雨，秋季多绵雨。

名山河流域属全省多雨区之一，但是降水量年内分配不均，年际变化较大，地域差异明显。降水量年内分配是：春季（3 ~ 5 月）占 15%，夏季（6 ~ 8 月）占 58%，秋季（9 ~ 11 月）占 23%，冬季（12 ~ 2 月）占 4%。据名山气象站资料，年雨量最多达 2 119 mm，出现在 1964 年，最少仅 1 074 mm，出现在 1974 年，多雨年雨量约为少雨年雨量的 2 倍。降水量在地域上分布呈由西向东递减趋势，西部蒙山年平均雨量达 2 125 mm。东部一些地区，年平均雨量只有 1 251 mm。

3.4　雅安水电站及其主要工程地质及水文地质问题

雅安市位于四川盆地西缘、成都平原向青藏高原的过渡带，古称雅州，现辖雨城、名山二区及天全、芦山、宝兴、荥经、汉源、石棉六县，面积 1.53×10^4 km²，人口 147 万。

气候类型为亚热带季风性湿润气候，南北差异大，年均气温在 14.1 °C ~ 17.9 °C，降雨多，多数县年降雨 1 000 mm 以上，有“雨城”“天漏”之称。湿度大、日照少。

雅安是国家规划的十大水电基地之一。境内水力资源集中分布于青衣江、大渡河两大水系，有大小河流 131 条，水能蕴藏量达 $1\,601\times10^4$ kW，可开发量 $1\,322\times10^4$ kW，占全省的 10%，占全国的 2.38%，发展水电的条件得天独厚。可建大型电站 6 处 816×10^4 kW、中型电站 37 处 350×10^4 kW、小微型电站 156×10^4 kW。目前电站总数已达 702 座。本书将以流域为划分，着重介绍雅安境内的水电站。

3.4.1 大渡河流域

大渡河系长江上游的一个支流，发源于青海省，干流全长 1 062 km，流域面积 77 400 km^2，天然落差 4 177 m，年径流量 488×10^8 m^3，水能资源蕴藏量 $3\,373\times10^4$ kW，可开发容量约 $2\,460\times10^4$ kW。大渡河干流目前规划建设 22 座梯级发电站，总装机容量 $2\,340\times10^4$ kW 时，总发电量 $1\,019\times10^8$ kW·h，是我国重要的水电基地。

1. 大岗山电站

大岗山水电站为大渡河水电基地干流规划 3 库 22 级方案的第 14 梯级电站。上游与规划的硬梁包水电站衔接，下游与已建成的龙头石水电站衔接，电站混凝土双曲拱坝最大坝高 210 m，总库容 7.42×10^8 m^3，调节库容 1.17×10^8 m^3，电站总装机容量 2 600 MW（41 650 MW），最大水头 178.0 m，最小水头 156.8 m，额定水头 160.0 m。发电引用流量 1 834 m^3/s（4×458.5 m^3/s），保证出力 636 MW，年发电量 114.5×10^8kW·h。大岗山水利工程枢纽建筑物由混凝土双曲拱坝、水垫塘、二道坝、右岸泄洪洞、左岸引水发电建筑物等组成。

大岗山水电站位于大渡河中游上段的四川省雅安市石棉县挖角乡境内，坝址距下游石棉县城约 40 km，距上游泸定县城约 75 km。大岗山水电站坝址控制流域面积 62 727 km^2，占大渡河总流域面积 81%。坝址处多年平均流量 1 010 m^3/s，年径流量 318.50×10^8 m^3。水库正常蓄水位为 1 130.00 m，死水位 1 120.00 m，汛期排砂运行水位 1 123.00 m，总库容 7.42×10^8 m^3，调节库容 1.17×10^8 m^3，具有日调节能力。

大岗山水电站设计安装 4 台 65×10^4 kW 混流式水轮发电机组，总装机容量 260×10^4 kW，多年平均发电量 114.3×10^8 kW 时。目前，该项目准备施工全部完毕，主体工程具备正式开工条件，计划于 2015 年首台机组投产发电，2016 年工程完工。

大岗山水电站是大渡河干流水电梯级开发的重要工程，水电站经济指标较好，是满足四川电网电力持续发展、促进“西电东送”的重要电源点。建设大岗山水电站符合“西部大开发”战略，可将清洁的水能资源转化为四川省的经济优势，对促进地区经济发展具有重要的作用，建设大岗山水电站是必要的；项目建设无制约性环境问题，水库淹没损失相对较小，移民安置方案和补偿投资基本可行；在设计地震荷载作用下，通过多种方法、多种途径及全面动力计算与试验分析表明，在继续重视大坝抗震问题，采取必要的有效工程抗震措施条件下，大坝抗震安全是有保证的。

据了解，大岗山水电站坝址的区域构造环境和地震安全性是该项目评估中的一个十分重要的问题，受到了高度重视。成都勘测设计研究院、四川省地震局工程地震研究院、成都理工大学、中国地震局地质研究所、中国地震局地球物理研究所等多家研究单位先后或联合进行了大量的工作，中国地震局震害防御与法规司及水电水利规划设计总院数次组织业内知名专家到现场查验，在重大或关键问题上形成了广泛的共识，并于 2004 年 11 月得到了中国地震局的行政批复，形成了《四川省大渡河大岗山水电站坝址区断层活动研讨会会议纪要》。

2. 泸定水电站

大渡河泸定水电站位于四川省大渡河泸定县境内的大渡河干流上，电站上游为规划的黄金坪水电站并与支流瓦斯河冷竹关水电站尾水相接，下游为规划的硬梁包水电站，本电站为大渡河干流规划调整推荐 22 级方案的第 12 个梯级电站。坝址距下游泸定县城 2.5 km。电站采用大坝挡水、右岸引水至地面发电厂房的混合式开发方式。水库正常蓄水位为 1 378.00 m，总库容 $2.195\times10^{8}\ m^{3}$，具有日调节性能，装机容量 920 MW。单独运行时，多年平均年发电量为 37.82×10^{8} kW·h，装机年利用小时数为 4 111h。当与双江口水库联合运行时，泸定水电站多年平均年发电量为 39.89×10^{8} kW·h，装机年利用小时数为 4 335 h。

电站枢纽建筑物主要由挡水建筑物、泄洪建筑物、引水发电建筑物组成。挡水建筑物以黏土心墙堆石坝为代表方案。坝顶高程 1 384.00 m，坝顶长度为 536.74 m，最大坝高 84 m。大渡河泸定水电站安装 4 台套单机容量 230 MW 混流式水轮发电机组，总装机容量为 920 MW，电站主要任务为发电。

3. 瀑布沟水电站

（1）瀑布沟水电站简介。

瀑布沟水电站位于四川省雅安地区汉源县和甘洛县境内（交界），是大渡河流域水电开发的控制性水库之一，是一座以发电为主，兼有防洪、拦砂等综合效益的特大型水电枢纽工程。电站枢纽由碎石土心墙堆石坝、左岸地下厂房系统、左岸岸边开敞式溢洪道、左岸泄洪洞、右岸放空洞及尼日河引水工程等建筑物组成。瀑布沟水电站是国电流域水电开发有限公司实施大渡河“流域、梯级、滚动、综合”开发战略的第一个电源建设项目，它是国家“十五”重点建设项目，也是西部大开发的标志性工程。

（2）水电站防渗料选择。

瀑布沟水电站河床覆盖层深厚（最深处达到 75.46 m）。两岸地形、地质条件相差较大，极不对称，设计中研究了多种坝型，最后选择了土石心墙坝。大坝高度加覆盖层厚度达 260 m，因此，土石坝心墙防渗料的选择成为修建瀑布沟高土石坝的关键问题之一。可行性研究中在防渗料的选择上做了大量工作。首先，对近坝址 1 ~ 8 km 和距坝址 15 ~ 37 km 范围内的 11 个料场进行大量的勘探试验和设计工作，从中优选出坝址上游的黑马料场为主料场；然后，通过黑马料场的现场碾压试验，推荐将黑马 I 区土料进行级配调整，剔除 80 mm 以上颗粒后用作土石坝心墙的防渗料。在此基础上，对推荐的黑马 I 区防渗料的性能进行了全面系统研究。研究成果经多次专家咨询被工程可行性报告设计审查认定，同意采用黑马 I 区土料在剔除粗料调整颗粒级配、改善工程性质后用作大坝心墙防渗土料的方案。此方案可完全满足瀑布沟工程对大坝防渗土料的各项技术要求，并可缩短工期、节约成本，其经济和社会效益十分显著。该项研究被列入“八五”国家科技攻关项目，成果获得电力部科技进步三等奖。

3.4.2 青衣江流域

青衣江水系水力资源十分丰富，干支流水能理论蕴藏量合计 5 824 MW，技术可开发量 3 602.4 MW，经济可开发量 3 118.2 MW。青衣江径流稳定，在干、支上游有建大型水库的条件，电站距离负荷中心也近，开发潜力巨大。

1. 雨城电站

华能雨城水电站为宝兴河梯级电站开发的最末一级，距雅安县城 3 km 的川藏公路旁；总装机容量为 60 MW，闸坝坝高 26.5 m，正常蓄水位 598 m，总库容 0.11×10^{8} m^3，设计引用流量 450 m^3/s，设计水头 15.5 m。坝后式厂房坐落在河床基岩上，副厂房和开关站位于左岸Ⅰ、Ⅱ级基座阶地上，阶地表层由砂卵石覆盖。

左岸Ⅱ级阶地上，阶面高程为 598 ~ 607 m，其中高程 597.5 m 以上为亚砂土、黏土和砂层，其厚度分别为 2.5 ~ 3.0 m、3.0 ~ 6.5 m、2.0 ~ 4.0 m，其亚砂土、黏土层向上游方向逐渐变为粉细砂层；高程 597.5 m 以下为砂砾卵石层，厚 7.5 ~ 16.5 m，该层中的砂为粉细-中砂。砾卵石大小悬殊，渗透系数 K = 1.22 ~ 7.41 m/d。根据物探资料与钻孔揭露，初步判定在 ZK30 至 MH3 之间、ZK20 至 MH7 之间有一北东向的古河槽，砂砾卵石层厚 14 ~ 16.5 m，河槽处基岩顶板高程为 580 ~ 585 m，比两翼基岩顶板低 6.0 ~ 8.0 m。高程 581.5 ~ 586 m 以下为泥质粉砂岩夹粉砂质泥岩、钙质泥岩及泥岩，岩层倾向左岸偏下游，基岩透水性较差，属微透水层。

雨城电站位于宝兴河流域下游，属于坝后式水电站，共 4 台发电机组，每 1.5 MV，总装机容量 6 MW，坝高 26.5 m，右岸为山体基沿地质条件好，左岸为河滩阶地，地势宽阔，用于修建副厂房、生活区等。

2. 铜头电站

四川华能铜头水电站位于四川省芦山县境内，是宝兴河干流 8 个梯级电站的第五个梯级，电站总装机容量 4×20 MW。大坝为混凝土双曲拱坝，最大坝高 77 m。坝基岩体为紫灰-紫红色厚层块状泥钙质砾岩，砾石含量 70% ~ 80%，砾石成分以灰岩为主，白云岩和石英岩次之，含少量泥岩和泥质粉砂岩；充填物含量占 10% ~ 70%，成分以灰岩岩屑和石英岩岩屑为主，白云岩岩屑次之，含少量泥岩和砂岩岩屑。坝基开挖于 1992 年 11 月开始，至 1994 年 5 月开挖完毕。

大坝河床基坑开挖采用先导掏槽后，用潜孔钻钻孔，分层微差爆破开挖。据基坑开挖情况，决定将原建基面高程由 648.5 m 抬高至 687 m 左右，因此河床基坑底部在开挖中实际未预留保护层。在清基开挖中发现，基坑底面有较多的缓倾角裂隙，倾角 15° ~ 20°。裂面新鲜，切破砾石，一般张开 1 ~ 4 mm，局部充填有少量新鲜石粉。在剖面上，除了爆破残孔附近切层外，有顺层开裂，出现了“脱层”现象。原因分析：拱坝坝基开挖中由于开挖爆破引起的建基面岩体卸荷松动。

铜头电站是国内第一座在下第三系砾岩上建筑的双曲薄拱坝，由于砾岩形成的时代新，岩石成岩固结程度相对较差，且砾石和胶结物均主要为碳酸盐类，因此岩体中发育有岩溶，岩溶成为大坝的主要工程地质问题。由于建基面软弱，著名水利水电工程专家、两院院士张光斗曾说，在此修建混凝土双曲拱坝，就相当于在沙漠上建楼房，因此从最开始勘测设计，就一直非常注重坝基面的优化和建基面的工程处理。通过对坝区砾岩岩溶的分析研究，阐明了坝区岩溶发育规律，根据拱坝特点，采取了一系列工程处理措施，处理后效果显著。

3. 槽渔滩电站

该电站为四川农业大学校级实习基地。槽渔滩水电站位于眉山市洪雅县境内，青衣江中下游，是 1992 年修建的，在 1994 年 10 月 31 号开始发电。该电站由左岸泄洪闸、冲砂闸，中间部分发电厂房和右岸副坝组成。电站装机 3×25 MW，水库正常蓄水容量 $2\ 720\times10^4$ m^3，大坝主体为混凝土重力坝，右岸副坝为面板堆石坝，上游为 30 cm 的混凝土层面。为了防止在右岸坝段产生绕坝渗流，在右岸坝肩设置了一排帷幕灌浆孔。该电站右岸高边坡问题比较突出，但由于该电站大坝为混凝土重力坝，因此对大坝的安全不构成威胁。在大坝的右岸修建了 2 孔冲砂闸 7 孔泄洪闸，为钢筋混凝土坝，右岸 6 道调速闸门，为石砌坝，冲砂闸采用驼峰堰；泄洪闸采用平顶堰。采用底流消能的消能方式，该电站有三台机组发电，每台机组发电量是 2.5×10^4 kW。

该电站属于低水头大流量电站，枯水期一般在二月份。左岸有王山滑坡体。有七孔泄洪闸，两孔拦砂闸。

4. 大兴电站

大兴电站位于雅安市雨城区大兴镇境内，于 2002 年 9 月开始动工，为青衣江干流规划的第四级电站，由四川雅安大兴水力发电有限公司投资兴建，电站装机容量 7.5×10^4 kW 设计年发电量 4×10^8 kW 时。工程总投资 4.5 亿元，第一台机组 2004 年投产，于 2005 年建成。该水电站也是四川农业大学水利水电学院实习基地。

大兴电站为中型水电工程。电站多年平均发电量 3.922×10^8 kW 时，年利用小时数 5 230 小时，设计发电量引用流量 516 m^3/s，水库总容量 $1\ 920\times10^4$ m^3，调节库容 340×10^4 m^3，具有日调节性能。电站工程等级为三等，枢纽建筑物由非溢流坝、拦河闸、水电站厂房、尾水渠、升压站公路桥、左右副坝等组成，最大坝高 18 m，正常蓄水位 570 m，工程总工期 36 个月。其中溢流坝上设有门机，用于起吊闸门，下游设置了消力池，用于对水流进行消能，以减少水流对河床的冲刷，电站下游的尾水渠一直延伸到下游 2 ~ 3 km 远的地方，主要是为了降低下游尾水位，增大上下游水位差，增加发电效益。大坝前的水库中放有 4 个圆柱形的石墩和 1 个矩形的石墩。4 个圆柱形石墩的部位是前池，用于集中水头和拦砂，矩形的石墩具有引流的作用，可以将水库中的水引入厂房进行发电。

该电站是以发电为主，兼有防洪、灌溉、交通、旅游、改善城市生态环境等多种效益的综合利用水利水电工程，距离负荷中心近，交通方便，是雅安地区电气化建设的重要电源点。

5. 小关子电站

宝兴河小关子水电站系有压引水式电站，由中国水电顾问集团成都勘测设计研究院勘察设计，中铁十八局二处承建。

华能小关子电站是四川宝兴河流域梯级滚动开发的第 4 级电站，装机容量 4×40 MW，年利用小时 5 050 h，多年平均发电量 8.08×10^8 kW·h，保证出力 34.8 MW，最大水头 152 m，最大引用流量 134 m^3/s。电站引水隧洞长 6.4 km，引水隧洞开挖直径达 9.45 m，采用小导洞进尺，预留光面爆破层，在爆破层上每 50 cm 打一个炮眼，共 40 个炮眼。最大坝高 20.3 m，总库容 98 万 m^3，调节库容 65×10^4 m^3。电站主要建筑物有：拦河闸坝、进水口、压力引水隧洞、跨河管道桥、调压井、压力管道和地下厂房及 GIS 开关站等；主要工程组成及主要工程量有：土石方开挖 125×10^4 m^3，锚杆 6.4×10^4 根，混凝土 30.5×10^4 m^3，钢筋 1×10^4 t，钢管制安 0.22×10^4 t，接触灌浆 1 553 m^3，固结灌浆 1.7×10^4 m^3，回填灌浆 1.6×10^4 m^3，帷幕灌浆 0.42×10^4 m^3，金属结构 0.1×10^4 t。小关子电站于 1998 年 6 月开工，2000 年 8 月 10 日 1 号机组试运转，2001 年 4 月 3 日 4 号机组投产发电，至此电站全部投产发电，总工期为 27 个月，比设计工期提前 9 个月，动态单位千瓦投资不到 5 000 万元。

四川宝兴河小关子水电站装机容量 4×40 MW，系引水式电站。在华能小关子电站建设中，认真推行了建设指挥部、监理、设计、承包商、地方政府五位一体的管理机制，实际建设总工期仅 27 个月（比设计工期提前 9 个月），创造了“安全管理好、质量控制好、工期提前、概算结余、经济效益好”的品牌工程，为该流域其他电站的滚动开发积累了宝贵的经验。

小关子水电站因采用右岸取水、厂房布置在左岸的方案，故左右岸引水隧洞采用钢筋混凝土拱桥（管桥）跨河连接。管桥立拱圈为现浇钢筋混凝土箱形等截面悬链线无铰拱，净跨 124 m，净矢高 248 m。桥面宽 12 m，长 190.52 m，桥面上设有 65 m 的引水钢管。管桥荷载为 40 t/m。在边坡、基础开挖及支护，钢拱架施工，混凝土浇筑，钢管安装等环节，采用了合理的施工方案和管理措施，工程质量达到优良标准。经测试，管桥的应力、应变值均在设计允许范围内。

6. 硗碛电站

硗碛水电站位于四川省宝兴县境内东河上游段，为高坝引水式的龙头水库电站。工程枢纽由拦河大坝、泄洪洞、放空洞、引水隧洞、调压井、压力管道和地下厂房等建筑物组成。电站共装机 3 台，单机容量 80 MW，总装机容量 240 MW。

硗碛水电站大坝工程主要项目有：首部枢纽工程（不包括砼防渗墙）；泄洪洞工程；导流工程（导流洞封堵改建）；闸门及起闭设备安装工程；原型观测工程等。拦河大坝为砾石土直心墙堆石坝，最大坝高 123 m，坝轴线长 452.70 m，坝顶宽 10.0 m，最大底宽 450 m，上游坝坡为 1∶2，下游坝坡为 1∶1.8。上游围堰与坝体结合布置，上游围堰顶高程 2 040 m，设置宽度为 10 m 的马道，坝体基础为深厚覆盖层，采用一道厚度为 1.2 m 的混凝土垂直防渗墙，防渗墙最大深度 68 m。泄洪洞布置在河道右岸，全长 1 200 m，由开敞式进水口、进口平段、斜段和出口平段及出口消力系统等组成，隧洞断面采用 0.8 m 厚的混凝土衬砌。泄洪洞进口高程为 2 130.5 m，出口高程为 2 035.88 m。

2007 年硗碛电站砾石土直心墙施工工法被选为四川省及国家级工法，并被评为四川省用户满意工程。2008 年度硗碛项目部砾石土直心墙填筑施工质量控制 QC 小组获得全国电力行业优秀 QC 小组。硗碛水电站“宽级配砾石土心墙堆石坝施工技术”科技项目被评为水电七局 2006—2007 年度科技进步一等奖，“砾石土心墙堆石坝施工技术研究与应用”荣获集团公司 2008 年度科技进步一等奖，并被集团公司推荐申报国家电力公司科技进步奖；2008 年硗碛项目被集团公司授予“文明工程”称号。

7. 龟都府电站

龟都府水电站位于四川省雅安市雨城区草坝镇水口村附近名山河与青衣江汇合处的龟都府小岛展布的河段上，是青衣江干流规划开发第六级中型水电站工程。该电站系闸坝式低水头河床式电站，以发电为主，距雅安市 24 km，紧靠负荷中心，交通方便，是雅安地区电气化建设的重要电源点。

电站设计装机容量 3×1.95 MW。总容量 5.85×10^8 kW，保证出力 1.229×10^8 kW。电站多年平均发电量 $2.964\,5\times10^8$ kW 时，年利用小时数 5 068 h，设计发电引用流量 566 m^3/s，水库总库容 $2\,120\times10^4$ m^3，调节库容 330×10^4 m^3，具有日调节性能。枢纽主要建筑物有非溢流坝、泄洪闸、冲砂闸、主厂房、副厂房、变电站及附属工程等组成，其中冲砂闸、泄洪闸设计断面尺寸为 27.5 m×3 m（长×宽），闸墩高 26.5 m，设计高程 545 m，最大坝高 15.6 m。工程总工期 34 个月。

电站静态总投资 39 616.72 万元，总投资 49 803.72 万元，单位千瓦投资（静态）6 772 元/kW，单位电能投资（静态）1.33 元/（kW·h）。上网电价 0.35 元/（kW·h）计算，财务内部收益率 12.3%，财务净现值 520 万元，投资回收期 8 年，投资利税率 13.6%。经济内部收益率 21.5%，经济净现值 5 932 万元。财务指标和经济指标较优，社会效益显著，具有一定的抗风险能力。

工程场地位于龙门—大巴山台褶带、四川台拗和上扬子台褶带等三个扬子准地台上的二级构造单元交汇区附近，处于四川台拗的西缘，以北东向的龙门出断裂带和蒲江—新津断裂、北西向的荥经—马边—盐津断裂带形成边界构造。区内经过多次构造运动，形成了以北东向、北西向断层和褶皱为主的构造格架特征。工区位于四川盆地弱活动断裂构造区内。枢纽区位于名山向斜南端扬起部位，区内断裂不发育，不具备发生中强地震的构造条件。

3.5 雅安市峡口地貌

峡口滑坡位于四川省雅安市陇西河左岸的峡口地区，滑坡体由体积 1×10^7 m^3的老滑坡体（含 2.6×10^6 m^3的新滑坡）组成，属老滑坡复活体，历史上可能发生过多次不同程度的活动。自 1978 年有人在滑坡前缘，陇西河床中大量放炮采石，斜坡开始出现变形。1981 年 7—8 月在暴雨诱发下滑坡体出现大规模地复活，毁坏前缘公路，中断交通达 3 个月。1987 年雨季再次中断交通。1995 年至今，滑坡体仍在蠕变。峡口滑坡一旦整体失稳下滑，将对其上部八一灌溉渠及前缘公路造成破坏。同时有可能造成对陇西河的暂时堵江并导致下游形成洪水的危害，进而对当地农户的农田、耕地、房屋等生命财产造成很大危害。研究表明峡口滑坡目前仍处于蠕滑变形阶段。在雨季变形明显，在枯水季节变形减缓，表明暴雨是峡口滑坡蠕滑变形的主要影响因素。滑坡体在遭受特大暴雨的情况下，有发生整体失稳的可能。在暴雨季节应加强对滑坡的实时监测，除采取地表、地下排水措施外，可考虑采取抗滑支挡结构，以减缓或控制滑坡的变形。

中国地质环境监测院、四川农业大学等都在此设立了监测点。主要为了监测峡口的深部位移与地表位移的关系，学生通过参观“四川雅安地质灾害预警示范基地”，可进一步了解滑坡监测系统的一些基本情况，如地表位移、深部测斜、雨量观测和水位水温监测等。

3.5.1 地形地貌特征

峡口滑坡地处陇西河峡谷大拐弯处，地形宽缓，属低山丘陵地貌。坡体前缘的陇西河右岸为悬崖峭壁，左岸则为峡口滑坡体。滑体经多次间歇性活动现已形成明显三级平台，并保留了完整的台阶、阶面和台壁地形。在平面上滑坡体保留了较完整的圈椅环形地形，前后缘高程分别为 750 m 和 980 m。境内地貌特征、山河格局受地质构造控制，从成因上看，山体为褶皱构造山系。

3.5.2 地层岩性及地质构造

滑坡体处于蒙顶山背斜的北西翼并靠近背斜轴部，发育于白垩系下统天马组（K_t）粉砂岩、泥岩的顺向坡地层中，地层产状为 N25°～35°W/SW30°。滑坡体上堆积了大量的崩坡积物，滑动物质为紫红色黏土夹碎块石。区内地质构造以褶皱为主，主要发育北东向和南北向两组构造带。滑坡区新构造运动强烈，以间歇性强烈上升运动为主，主要表现为河谷呈“V”字形，青衣江支流河谷发育三级阶地，且为多基座阶地。

3.5.3 植被

属亚热带湿润气候区，自然植被结构属山地常绿阔叶林（次生），植被垂直分布。主要的植被类型有：芒萁、杉木林、竹子-杉木林、落叶阔叶杉木混交林、常绿-落叶阔叶混交林、常绿樟栎林、芒萁杂灌丛等，植被覆盖率达 54.8%。

3.5.4 滑坡体监测资料分析

为了准确了解峡口滑坡变形情况，根据蠕滑变形体的空间分布，在变形体上及其外围布设了自动雨量计、GPS、自动位移监测仪、点位移计、排桩、TDR 光波测斜仪、地下水自动监测仪等，对蠕滑变形体的地表及地下位移变形、地下水水位以及所在地的降水量等分别进行了监测。

1. 降水量监测

为研究滑坡体的变形破坏与降水量的相关性，在变形体后部右侧布设一个 SL1 遥测雨量计（翻斗式）的自动观测仪，对滑坡体所在地的降水量进行 24 h 监测。并于 2002 年 4 月 1 日开始进行监测，已取得的降雨资料（2002/04/01—2004/10/31）观测数据表明，峡口滑坡地区降雨集中于 6～10 月，暴雨次数达 11 次。最大日降水量为 110.2 mL，最大 1 h 降水量达 52.3 mL。2002 年和 2003 年的降水量较多，2002 年暴雨达 5 次、大雨 7 次，2003 年暴雨达 6 次、大雨 11 次，2004 年雨水偏少，仅 1 次大雨。经统计可知，该区降雨主要集中在每年的 5～10 月，占年降水总量的 80%～90%。

2. 地表位移监测资料分析

地表位移监测主要采用的是 GPS、自动位移监测仪和排桩等。

3. 地下位移监测

地下位移监测主要是人工测斜仪和 TDR 光波自动测斜，以查明变形体的潜在滑动带、主滑方向、变形大小等。在蠕滑变形体的前、中、后部位布置了 6 个孔进行深部位移监测，现以 ZK1、ZK2、ZK3（分别位于滑坡体的后部、中部、前缘）三个孔为例进行分析。通过已有的观测资料分析表明，变形体仍在产生蠕动变形，总体来看，深部变形曲线特征如下：

（1）变形体后缘变形特征。

据 ZK1 孔测斜监测资料位移曲线图（见图 3.9）揭示，在孔深 0 ~ 12.5 m 处纵向位移活动明显，最大位移量达 73.96 mm，之后减弱至 1 ~ 4 mm。横向位移较小（见图 3.10），孔深 12.5 ~ 14.5 mm 段位移量最大，最大值 20.5 mm。预计滑体潜在滑动带在 14.5 m 附近，其岩性为碎块石夹黏土层。据 ZK1 孔岩性显示，14.32 m 之下为基岩，说明滑体滑动面应在基覆界面上。

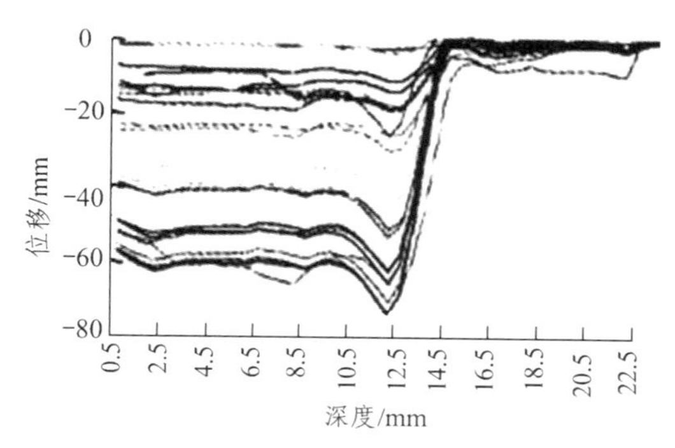

图 3.9　ZK1 孔纵向深度位移曲线

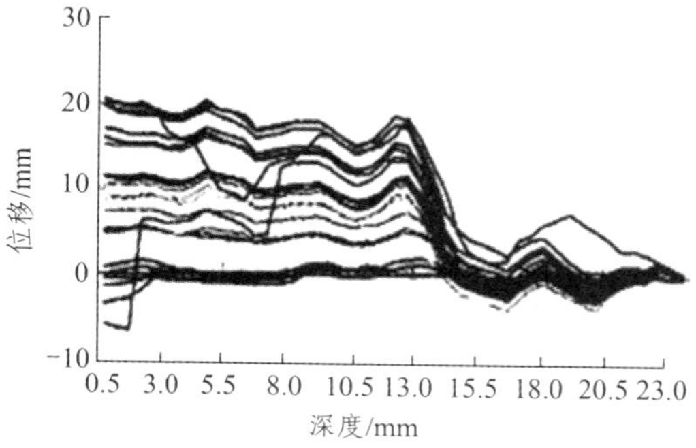

图 3.10　ZK1 孔横向深度位移曲线

（2）变形体中部变形特征。

由 ZK2 孔测斜观测资料位移曲线可知，在孔深 0 ~ 26 m 段范围内，纵向、横向深度位移均较明显，在 26 m 处纵向位移量达 47.9 mm，横向位移量近 40 mm，而 26 m 以下纵向、横向位移均迅速减小，到 27 m 处，位移基本没变化。故推测此处滑带深度为 27 m 附近。根据三个孔测斜资料曲线图结合钻孔柱状图分析推测，滑动带均在基岩与第四系接触带上产生滑动位移，滑动带上均为松散碎块石土。

（3）变形体前缘变形特征。

据 ZK3 孔测斜观测资料位移曲线揭示，在孔深 0 ~ 24 m 段范围内位移明显，在 24 m 处纵向位移量达为 71.95 mm，横向位移量 18.33 mm。在孔深 24 m 之下位移迅速减小，到 25.5 m 以下位移基本无变化。推测滑体前缘潜在滑动面埋深约 25.5 m 附近。

（4）变形体潜在滑动带。

已有的监测资料表明蠕变体目前尚处在变形发育阶段。通过对钻孔（ZK1、ZK2、ZK3）测斜监测数据对比分析，充分说明了蠕变体的中、后缘因远离剪出口，发生相对位移较小。而滑体前缘近临空面，加上陇西河河水的冲刷淘蚀、蠕滑体相对位移较大。加之前缘公路在长期重车动荷载的作用下，进一步削减抗滑力。现蠕变体已形成明显的滑动体。根据测斜监测数据及钻孔资料对比分析，推测变形体潜在滑动带的后缘埋深 14 m 附近，中部滑带平均埋深为 27 m 附近，前缘滑带埋深为 25.5 m 附近。

3.5.5　演化趋势分析

经过两年多观测结果的定性分析，因近几年内，滑坡区域内雨量偏少，滑坡未发生加速变化的趋势。但在今后的发展变化过程中，推测蠕变体的总体发展趋势为：

（1）如遭受大暴雨影响，可能发生整体斜坡位移变形；

（2）如遭受特大暴雨（雨量 $p \geqslant 300$ mm）影响，可能发生斜坡整体性加速变形；

（3）“八一”渠季节性放水渗漏将给滑坡带来复活的影响，促进雨季的变形趋势。

3.6 玉溪河灌区概况

玉溪河灌区是四川省大型灌区之一，地跨成都、雅安两市，面积 1 748 km^2，地势较高，多为丘陵、台地。灌区人口 76 万，以农业生产为主，主要靠玉溪河引水工程进行灌溉。

该工程设计灌面 86.64 万亩，设计引水流量 34 m^3/s，灌溉成都市的邛崃、蒲江及雅安市的名山、芦山四（县）市，现有效灌面 62 万亩。玉溪河灌区管理处坚持“为灌区服务”的思想，干部、职工齐心协力，加强内部管理，加大投入进行工程改造，积极创造条件、克服困难，1978 年引水工程投入运行以来，正常情况下，年通水在 350 天，引水总量在 6.2×10^8 m³ 以上，彻底结束了灌区历史上“靠天吃饭”的局面，粮食产量大幅度提高，工农业生产发展迅速，同时有力地促进了灌区水产养殖和旅游产业的发展，人民生活水平得到了较快的提高，社会效益明显。

玉溪河引水工程已成为灌区人民生活的依靠，为四县（市）农业生产、城乡经济的发展发挥了重大作用。

3.6.1 气候特征

属亚热带气候，四季分明，雨量充沛，气候宜人，冬无严寒，夏无酷暑。

3.6.2 土壤特性

玉溪河灌区的农田，绝大多数为红黄壤土，且土质具有黏性重、板结、酸性高、耕植层薄、磷及钾含量低的严重缺点；此外，灌区内“雅安砾石层”（即第四系中下更新统冰碛、冰水沉积层）分布广泛，约 275 km^2。玉溪河工程部分干渠穿于其中，厚度变化起伏大，上部厚 0～7 m，全为含砂风化泥砾层夹半成岩透镜状砂层；中部含泥砂砾卵石层；下部为绛红色黏土及杂色强风化泥砾层，可见厚度为 5 m，个别地段可达 100 m（名山县中峰乡）。

3.6.3 地形地貌

1. 漏斗地形

境内的漏斗地形分布较广，以围塔漏斗为其最著。围塔一带的漏斗形成原因：其一，是此处岩层为白垩系上统钙质胶结的砾岩，经龙门山构造运动使其岩层破碎产生裂缝。其二，由于地表水和地下水的淋滤侵蚀，逐渐使裂缝扩大，在一定程度上形成暗河沟流，从而地表水经岩层裂缝流入暗河继续侵蚀，岩层钙质流失、砾岩垮塌形成溶洞。久而久之，这种侵蚀作用至使溶洞顶部承受不了自然压力而坍塌形成漏斗状地形，这种地形进一步扩大、岩渣继续流失、再加之雨水冲刷，便天然形成各式各样形状大小不一的漏斗地形。

围塔漏斗早期是由许多大小不一的溶蚀漏斗聚集，长期雨水冲刷、溶蚀等外动力地质作用使其一些小斗继续坍塌以至连成一体，在相当范围内形成规模较大的低洼负地形，再经过高处风化剥蚀、冲刷而搬运所至碎土砂石逐渐填充，生成平坦宽缓的大漏斗形地貌，后经人类开垦种植，得以形成人居较大规模的漏斗地形。

2. 北东翘起

向斜位处大川—双石断裂南东盘，而该断裂活动性为右旋黏滑。由于断裂的活动产生由北东向南西的掀斜作用，使其轴向为北东的芦山向斜北东端翘起成为必然。这种断裂活动产生的掀斜作用延伸影响到再南端的雅安向斜，其向斜轴部在雅安主城区青衣江北岸翘起南岸倾覆。

3. 断塞溏

所谓断塞溏，即是断层长期处在活动状态下的产物，有大有小，小者数平方米，大者可达万余平方米。康定木格措湖即是鲜水河断裂上较大的一处断塞溏。龙池岗—炒米岗一带的槽谷地形中的断塞溏即是一处小规模的断塞溏。

断塞溏的形成原因，是由于断层在活动过程中旋扭走滑作用遇到阻力至局部隆起，其隆起后缘低洼部位长时间积水、侵蚀，再不断扩大而形成长年积水的坑溏，大者成湖小者为溏。可见，断层活动在先，堵塞作用紧随其后，积水成溏（湖）为果，故名“断塞溏”。

4. 槽中槽、坡中槽

所谓槽中槽即是在断裂槽谷内又形成新的断裂槽谷，比如：炒米岗一带发育的大川—双石断裂槽谷内又有较小的新的断裂槽谷发育成生，这就是槽中槽。

坡中槽，即是在断裂通过山坡形成坡上平台后，在平台上继续活动形成的槽谷状地貌。比如：大川—双石断裂的双石镇北东侧附近就有一处展现为断裂坡中槽地形。

无论断裂槽中槽还是坡中槽，都是由于断裂强烈活动形成槽谷或平台后，断裂继续活动在以上两种地形地貌的基础上再次发育形成新的槽谷。这种地质现象是判定断裂新活动的基本标志之一。

3.6.4 “4·20”地震对灌区的影响

2013 年 4 月 20 日 8 时 2 分，雅安市芦山县境内发生强烈地震，位于震中的玉溪河引水工程枢纽、主干渠进口站及附近的太和站、建山站、百丈水库、蒲江站等及 15 处管理房均不同程度受损。为防止工程出现更大损失，玉管局果断采取主干渠及百丈水库左右干渠全线停水、引水枢纽和百丈水库全开泄洪闸及降低库水位等措施。主干渠停水后，造成灌区 62 万农田、果园、茶园及灌区渔业生产用水困难，19.5 万人饮水出现困难。

第 4 章　岷江流域水利工程简介

岷江是长江上游左岸一级支流，发源于岷山南麓松潘县郎架岭，由西北向东南流经四川盆地西部，于宜宾市合江门汇入长江，干流全长 1 279 km。流域面积 13.54×10^4 km^2，天然落差约 3 650 m，是长江流域水量最大的支流，也是我国水利开发最早的河流之一，水电站分布广泛。岷江干流都江堰鱼嘴分水堤以上为上游，长约 365 km；都江堰鱼嘴分水堤至乐山大佛为中游，长约 216 km，乐山大佛以下至宜宾为下游，长约 154 km。主要支流有黑水河、杂谷脑河、大渡河、马边河，大渡河是岷江最大的支流。岷江流域位于四川省盆地西南边缘地带，地势由西部高中山区逐级降低至东部平原丘陵区。流域上游属高原气候区，海拔超过 4 000 m，年平均气温在 12 °C 以下，中下游属亚热带气候区，海拔低至 300 m，年平均气温 15 °C ~ 18 °C。流域径流主要由降水形成，少部分来自高原融雪。径流年内分配极不均匀，降雨量集中在 5 ~ 10 月，占全年 75%，干流高场站，多年平均流量 2 850 m^3/s，径流量 900×10^8 m^3/s，多年平均输砂量 0.52×10^8 t。支流大渡河铜街子站，多年平均径流量 470×10^8 m^3，占高场站 52%，多年平均输砂量 0.33×10^8 t，相当于高场站的 63%。支流青衣江大部分属峨眉暴雨区，径流丰沛，千佛站控制流域面积只有高场站的 9.5%，而年径流量占高场站的 21%。

由于篇幅所限，本书只选取岷江流域中最为著名的紫坪铺水利枢纽工程和都江堰水利枢纽工程作简要介绍。

4.1　紫坪铺水利枢纽简介

大型水利枢纽工程——紫坪铺水库，是国家西部大开发“十大工程”之一，被列入四川省“一号工程”，于 2001 年 3 月 29 日正式动工兴建。20 世纪 50 年代国家开始筹备建设的紫坪铺水库工程，因其坝基地址选在紫坪铺镇（前称白沙）紫坪村而得名，并在以后的几十年间被广泛传播为大众熟知。

该工程动态投资 72 亿元，静态投资 62 亿元，水库正常蓄水位为 877 m，最大坝高 156 m，总库容 11.26×10^8 m^3，其中调节库容 7.74×10^8 m^3，水电站装机容量 76×10^8 kW，建成后除了满足川西灌溉、城市供水、防洪发电外，还将是一个比西湖大 100 倍的最大“水上公园”。2004 年 12 月 1 日开始蓄水，2005 年 5 月第一台机组发电，2006 年 12 月整个工程竣工投入使用。紫坪铺水利枢纽工程，是都江堰灌区的水源工程，是岷江上游不可多得的调节水库，它是具有防洪、灌溉、城市工业、生活和环保供水、利用供水水量发电等综合效益的大型水利工程。

4.1.1　工程布置

工程正常蓄水位 877.00 m，相应库容 9.98×10^8 m³，校核洪水位 883.10 m，总库容量 11.12 $\times10^8$ m³，属于大（Ⅰ）型水利枢纽工程，其主要建筑物等级为Ⅰ级工程按 1 000 年一遇洪水设计，洪峰流量为 12 700 m³/s。枢纽由大坝、溢洪道、引水发电系统及厂房、冲砂放空洞、泄洪排砂洞组成。

4.1.2　区域水文地质概况

四川紫坪铺水库位于成都市西北约 60 km 的岷江上游，枢纽位于都江堰市的麻溪乡。

紫坪铺水利枢纽工程区降水充沛，地表径流丰富，为地下水的形成提供了良好条件，大致以映秀为界，东侧属盆地边缘气候区，以西属四川西部高原山地过渡带气候区。总的气象特征表现为：由东南向西北，降水量由多至少，交界部位降水最丰富，6～8 月的降水量为全年降水量的 66%～76%，日照率低，相对湿度大。紫坪铺水利枢纽工程区属盆地边缘气候区，气候温暖湿润，多年平均气温在 15.2 °C～15.9 °C，元月份平均气温最低，为 4.9 °C，七月份平均气温最高，为 25.4 °C，年降水量为 1 001.9～1 264.7 mm，年平均相对湿度为 81%～84%，蒸发量为 733.1～920.8 mm，年平均日照率为 24%～30%。

库区河流属岷江水系，支流有草坡河，渔子溪、寿溪河。这些支流延伸方向大体与构造线一致。山区沟谷呈树枝状，进入平原河渠向南东呈扇状分布。

山区河谷切割深，地形陡峭，河床比降为 2.3%～10.06%，水流急湍，水量丰富，据岷江之紫坪铺、白沙河之杨柳坪水文站观测，岷江年平均径流量为 137×10^8 m³，丰水期 6～9 月的 4 个月占年径流量的 55%。如 1973 年 6 月，最大流量为 1 146.5 m³/s，枯水期为 12 月至翌年 9 月，其中 1971 年 2 月流量最小，为 123.74 m³/s，变化度达 3.9 倍，多年平均径流数 18.82 L/（s · km²）。

由于山区冰雪消融致使洪水期提前和延长，若与邻区河流相比，可将洪水期划分为 5～10 月。一般 6 月份流量大于降水丰富的 8 月份，据紫坪铺水文站 1963 年的观测，6 月份多年平均流量为 802.42 m³/s，8 月份多年平均流量为 625.33 m³/s；而降水量 6 月份为 111.10 mm，8 月份为 304.90 mm。可见，6 月份降水量为 8 月份的 36%，而流量则 6 月份为 8 月份的 128%。

库坝区地层出露较齐全，基岩由于构造、风化、溶蚀等作用裂隙发育，地表坡残积、崩坡积、冰碛等松散堆积层分布广泛，植被茂密，杂草丛生；平原河流密集分布，砂卵砾石层被切割，为充沛的大气降水、丰富的地表径流提供了渗透条件。库坝区地下水的贮存条件受到自然地理、岩性岩相、地质构造、地貌形态等因素的综合影响，而促成地下水富集的变化特征，尤以受断裂构造控制最为明显。

4.1.3　工程地质类型及分区

1. 工程地质岩组

根据区内出露地层、岩性、岩石坚硬程度和岩性结构分为四大工程地质岩类。半坚硬岩类（工程地质参数湿抗压强度小于 500 kg/cm^2）；坚硬岩类（大于 500 kg/cm^2）；半坚硬-坚硬岩类；松散岩类。紫坪铺水库工程地质岩类属半坚硬-坚硬岩类；工程地质岩组属中山砂岩页岩夹煤线坚硬-半坚硬岩组，低山红层半坚硬-坚硬岩组，丘陵红层半坚硬岩组。

表 4.1　工程地质试验指标

工程地质岩类	工程地质岩组	地层及岩性	主要力学指标										备注
			相对密度	容重	孔裂比	干抗压	湿抗压	软化系数	泊桑比	内摩擦系数	弹性模量	变形模量	
			ρ	γ	e	R_c	R_u	h	M	$\tan\psi$	E /kg·cm^{-2}	E_0 /kg·cm^{-2}	
半坚硬-坚硬岩类	中山砂岩页岩夹煤线-半坚硬岩组	T3x3、Y3x2、T3x1 为石英砂岩、砾砂岩、泥质砂岩、炭质页岩夹煤层、层理发育	2.52 ~ 2.58			577 ~ 1063	300 ~ 720	0.68 ~ 0.74		0.60 ~ 0.65			试验为砂泥岩数据
	低山红层半坚硬-坚硬岩组	J3I2-1、J2sn、J1-2z、K1j 砾岩、泥岩、砂岩、页岩数，不等厚互层	2.68 ~ 2.70	2.58 ~ 2.59	3.70 ~ 4.1	380 ~ 860	266 ~ 800	0.74 ~ 0.79				11.4 万 21.4 万	
	丘陵红层半坚硬岩组	N、E、Kg、砾岩、泥岩、泥质砂岩、岩屑砂岩、页岩等互层	2.65	2.3		103 ~ 176	40.7 ~ 85.2	44.4	0.16 ~ 0.23	0.5	16.7 万 14.1 万		

2．工程地质分区

根据地质构造、地貌形态、工程地质岩组特征以及物理地质现象发育程度和地震强度，紫坪铺水库工程区属中山飞来峰工程地质区和高山岩块地质区。水库工程的库坝区以中山飞来峰工程地质区为主，其中以砂岩、页岩半坚硬-坚硬工程地质亚区为主，高山岩块工程地质区只有一个高山侵入岩体及变质片岩坚硬类。

3．不良工程地质现象和主要工程地质问题

由于基岩山区为强烈上升区，地形切割深、高差大，各种不良工程地质现象发育，常见有泥石流、滑坡、崩塌和坍陷、危岩、危石等；工程地质问题除地震外主要还有淤积渗漏、大孔层泥砾、软弱夹层等，对道路工程和水利工程危害严重。

渗漏问题对紫坪铺水库、坝区来说影响大。硫酸盐岩出露区河谷地段岩溶暗河、溶蚀孔洞发育；山区河谷岸边裂隙发育，水工建筑应特别注重，否则会引起坝扇渗漏；山区河谷大孔层泥砾较松散，透水性强，水工建筑应对大孔层泥砾进行勘测处理，以防绕坝渗漏。淤积问题对库容的影响也是一件大事。山区第四系松散堆积普遍，大气降水充沛，雨季山洪暴发，携带大量的固体物质如卵砾石、泥砂等对库容的影响大。应采取有效措施。

4.1.4　工程主要效益

1. 提高枯水期都江堰灌区灌溉供水保证率

紫坪铺水利枢纽工程是下游都江堰灌区的组成部分，岷江作为都江堰灌区的主要水源，由于岷江上游尚无大型控制性水库，丰枯水量变化较大，致使都江堰灌区枯水期引水量不足，干旱时无法灌溉，灌区年平均缺水达 7.07×10^8 m^3，其中 1～5 月份缺水量达 5.71×10^8 m^3，占全年缺水量的 80.8%。兴建紫坪铺水利枢纽工程，利用水库的调节库容，调丰补枯，可提高现有灌区 72.4×10^4 hm^2 耕地的供水保证率，每年枯水期增加灌溉供水量约 4.37×10^8 m^3，并可为远景毗河引水灌溉丘陵灌区 20.9×10^4 hm^2 农田提供水源。

2. 枯水期增加向成都市工业、环境及生活供水量

根据四川省水资源总体规划，岷江是成都市工业和生活供水不可替代的水源。长期以来，成都市工业、生活和环境用水均自岷江自然引水，由于都江堰上游岷江河段至今没有调蓄水库，致使引水受岷江径流和季节的影响，长期处于不均匀供水状态，尤其是每年枯水期（12 月下旬至次年 5 月中旬），由于岷江天然径流减少，配给成都市府河、南河的环境用水明显减少，两河基本断流，致使成都市曾获联合国人居奖的府河、南河整治工程难以发挥应有的效益。紫坪铺水利枢纽建成以后，调丰补枯，除保证向成都市提供 20 m^3/s 的环境用水外，还将向成都的供水量由目前 28 m^3/s 增加至 50 m^3/s，年增供水量 3×10^8 m^3，基本满足成都市日益增长的工业与生活用水需要，改善成都市水环境质量。

3. 提高岷江下游金马河段的防洪标准

金马河是岷江上游河段洪水的主要排洪河道，河岸总长 163.34 km，浆砌堤和干砌堤占该河段的 15.2%，自然河段 56.57 km，占该河段的 34.6%。自然河岸及部分险堤段不能防御 10 年一遇洪水。根据《岷江干流成都市河段（金马河）河道防洪整治规划报告》，金马河堤防设防标准为 20 年一遇。紫坪铺水利枢纽建成后，利用水库的蓄水滞洪调节功能，可将岷江上游 100 年一遇洪水洪峰流量 6 030 m^3/s 削减至 10 年一遇洪峰流量 3 760 m^3/s 下泄，从而直接保护了金马河两岸的都江堰市、温江县、崇州市、双流县、新津县 29 个乡镇的 72 万人和 4.05×10^4 hm^2 耕地，且对成都市青羊区、武侯区有间接的保护作用，基本解除金马河段岷江的洪水威胁。

4. 为川西电网提供比较经济的调频调峰电能，改善成都平原的用电质量

紫坪铺水利枢纽工程位于成都平原西北，距成都用电负荷中心约 60 km，水库有不完全年调节功能，在满足农业灌溉、城市供水的条件下，可承担电力系统调峰、调频、事故备用等任务。因送电距离近，送出工程投资省，紫坪铺水利枢纽工程提供的电能，对于支撑负荷中心电网电压、提高电网稳定水平和系统供电质量将起到积极的作用。

5. 具有防洪、拦砂等效益，为都江堰工程的安全运行提供保障

紫坪铺水利枢纽工程距都江堰渠首工程 6 km，11.12×10^{8} m^{3} 库容控制了岷江上游多年平均悬砂的 97%，控制了岷江上游多年平均推移质的 98%，其显著的供水、防洪、拦砂作用，不仅提高了都江堰灌区用水保证率，并为其设施的安全运行提供了保障。

综上所述，紫坪铺水利枢纽工程的修建，可以有效调节岷江水量，增加都江堰灌区面积，提高灌溉用水保证率，缓解包括成都在内的成都平原供水供电不足的状况，提高岷江中游和成都平原的防洪标准，从而对这一地区经济社会的可持续发展起到重要的推动作用。因此，紫坪铺水利枢纽工程在开发岷江和加快成都平原水利基础设施建设中的作用不可替代。

4.2 都江堰水利枢纽

都江堰水利工程由秦时郡守李冰率众修建，克服今人难以想象的困难，最终于公元前 256 年建成。《史记》载："蜀守冰凿离碓，辟沫水之害，穿二江成都之中。此渠皆可行舟，有余则用灌浸，百姓飨其利。"短短几十字，清楚地记录了都江堰包括渠首分水工程和二江工程两个部分，都江堰水利工程当时已经是一个集防洪、运输和灌溉等功能为一体，科学而完整的水利工程体系。至今历千年不坏，仍惠泽成都平原。

都江堰渠首工程主要有鱼嘴分水堤、飞砂堰溢洪道、宝瓶口进水口三大部分构成，科学地解决了江水自动分流、自动排砂、控制进水流量等问题，消除了水患，使川西平原成为"水旱从人"的"天府之国"。目前灌溉面积已达 40 余县，1998 年超过 1 000 万亩。

4.2.1 鱼嘴分水工程

"鱼嘴"是都江堰的分水工程，因其形如鱼嘴而得名，它昂头于岷江江心，把岷江分成内外二江。西边叫外江，俗称"金马河"，是岷江正流，主要用于排洪；东边沿山脚的叫内江，是人工引水渠道，主要用于灌溉；鱼嘴的设置极为巧妙，它利用地形、地势，巧妙地完成分流引水的任务，而且在洪、枯水季节不同水位条件下，起着自动调节水量的作用。

鱼嘴所分的水量有一定的比例。春天，岷江水流量小；灌区正值春耕，需要灌溉，这时岷江主流直入内江，水量约占六成，外江约占四成，以保证灌溉用水；洪水季节，二者比例又自动颠倒过来，内江四成，外江六成，使灌区不受水潦灾害。

在二王庙壁上刻的治水《三字经》中说的"分四六，平潦旱"，就是指鱼嘴这一天然调节分流比例的功能。

我们的祖先十分聪明，在流量小、用水紧张时，为了不让外江 40%的流量白白浪费，采用杩槎截流的办法，把外江水截入内江，使内江灌区春耕用水更加可靠。1974 年，在鱼嘴西岸的外江河口建成一座钢筋混凝土结构的电动制闸，代替过去临时杩槎工程，截流排洪，更加灵活可靠。

4.2.2 “飞沙堰”溢洪道

在鱼嘴以下的长堤，即分内、外二江的堤叫金刚堤。堤下段与内江左岸虎头岸相对的地方，有一低平的地段，这里春、秋、冬、三季是人们往返于离堆公园与索桥之间的行道的坦途，洪水季节这里浪花飞溅，是内江的泄洪道。

泄洪道，唐朝名“侍郎堰”“金提”，后又名“减水河”，它具有泄洪排砂的显著功能，故又叫它“飞沙堰”。

飞沙堰是都江堰三大件之一，看上去十分平凡，其实它的功用非常之大，可以说是确保成都平原不受水灾的关键要害。

飞沙堰的作用主要是当内江的水量超过宝瓶口流量上限时，多余的水便从飞沙堰自行溢出；如遇特大洪水的非常情况，它还会自行溃堤，让大量江水回归岷江正流。另一作用是“飞沙”，岷江从万山丛中急驰而来，挟着大量泥砂、石块，如果让它们顺内江而下，就会淤塞宝瓶口和灌区。飞沙堰真是善解人意、排人所难，将上游带来的泥砂和卵石，甚至重达千斤的巨石，从这里抛入外江（主要是巧妙地利用离心力作用），确保内江通畅，确有鬼斧神工之妙。

“深淘滩，低作堰”是都江堰的治水名言，淘滩是指飞沙堰一段、内江一段河道要深淘，深淘的标准是古人在河底深处预埋的“卧铁”。岁修淘滩要淘到卧铁为止，才算恰到好处，才能保证灌区用水。低作堰就是说飞沙堰有一定高度，高了进水多，低了进水少，都不合适。

古时飞沙堰，是用竹笼卵石堆砌的临时工程；如今已改用混凝土浇铸，以保一劳永逸的工效。

4.2.3 宝瓶口

宝瓶口，是前山（今名灌口山、玉垒山）伸向岷江的长脊上凿开的一个口子，它是人工凿成控制内江进水的咽喉，因它形似瓶口而功能奇特，故名宝瓶口。留在宝瓶口右边的山丘，因与其山体相离，故名离堆。宝瓶口宽度和底高都有极严格的控制，古人在岩壁上刻了几十条分划，取名“水则”，那是我国最早的水位标尺。

《宋史》就有“则盈一尺，至十而止；水及六则、流始足用。”《元史》有“以尺画之、比十有一。水及其九，其民喜，过则忧，没有则困”的记载。

内江水流进宝瓶口后，通过干渠经仰天窝节制闸，把江水一分为二。再经蒲柏、走江闸二分为四，顺应西北高、东南低的地势倾斜，一分再分，形成自流灌溉渠系，灌溉成都平原及绵阳、射洪、简阳、资阳、仁寿、青神等市县近 10 000 km^2，1 000 余万亩农田。

离堆上有祭祀李冰的神庙伏龙观。宝瓶口右侧过去有一个末凿去的岩柱与其相连，形如大象鼻子，故名“象鼻子”。象鼻子因长期水流冲刷、漂木撞击，已于 1947 年被洪水冲毁坍塌。宝瓶口岩基于百年为飞流急湍的江水冲击，出现了极大的悬空洞穴。为了加固岩基，1970 年冬灌区人民第一次堵口截流，抽干深潭，从两岸基础起共浇注混凝土 8 100 m^3，结离堆、宝瓶口筑起了铜墙铁壁，使这个自动控制内江水量的瓶口，更加坚实可靠。

在离堆右侧，还有一段低平河道，河道底下有一条人工暗渠，那是为保障成都工业用水的暗渠。那段低平河道，当洪水超过警戒线时，它又自动将多余水量排入外江，使内江水位始终保持安全水准，这就便成都平原，有灌溉之利，而无水涝之思。

鱼嘴、飞沙堰、宝瓶口这个都江堰渠首的三大主体工程，在一般人看来可能会觉得平平常常、简简单单，殊不知其中蕴藏着极其巨大的科学价值，它内含的系统工程学、流体力学等，在今天仍然是处在当代科技的前沿，普遍受到推崇和运用，然而这些科学原理，早在两千多年前的都江堰水利工程中就已被运用于实践了。这是中华古代文明的象征，这是我们炎黄子孙的骄傲。

附录一　水利水电工程初步设计报告编制规程（第4部分工程地质）

1.1　概述

1.1.1　概述本工程可行性研究阶段勘察的主要工程地质问题及评价；包括区域构造稳定性，建库条件、坝（闸、站）址选择和主要建筑物工程地质条件，说明本阶段完成的工作内容和工作量

1.2　水库区工程地质条件

1.2.1　地质概况

说明水库区工程地质概况。

1.2.2　水库渗漏

对有渗漏问题的水库，特别是喀斯特地区的水库，说明渗漏地段的地形、地层岩性、地质构造和水文地质条件，说明渗漏的边界条件和渗漏形式，预测渗漏损失水量，提出防渗处理的意见。

1.2.3　库岸稳定

说明库区（特别是近坝和靠近城镇及重要经济对象地段）坍滑体和潜在不稳定岩土体的分布范围、体积、地质结构、边界条件和水文地质条件；论述在施工期和水库运行期失稳的可能性、预测近期和远期的滑动、崩坍方式和规模，提出监测和处理措施的意见。

1.2.4　水库浸没

说明水库周边、大坝下游及其邻谷地区可能浸没地段的地质和水文地质条件；预测可能浸没地段的范围和浸没程度以及造成的影响，提出需要采取处理措施的意见。

1.2.5　固体径流

说明水库区有无大量固体径流的来源和范围。

1.2.6　水库地震

说明库区的地质结构、水文地质和地震地质条件，预测水库诱发地震的可能位置和震级。

1.2.7　防护工程

如库区需采取防护工程措施时，说明其工程地质和水文地质条件。

1.3　枢纽区工程地质条件

1.3.1　挡水建筑物

（1）说明选定坝（闸）址的地形、地层岩性、地质构造、岩体风化、物理地质现象、水文地质条件及岩土体的物理力学性质等。

（2）说明各比较坝（闸）线的主要工程地质问题包括影响坝（闸）基和坝（闸）肩稳定的软土层、软弱夹层、断层破碎带的位置、规模、性状及组合情况，各含水层水位、分布及

水力联系等，特别是顺河断层、缓倾角软弱结构面的分布和特征。提出坝（闸）型坝（闸）线的选择意见；评价选定的坝（闸）基岩土体的变形、抗滑、渗透稳定性、渗漏量和坝（闸）肩土体的稳定条件；进行坝基岩体质量分类，提出岩土物理力学性质参数和基础处理的意见。

1.3.2 泄水建筑物

（1）说明各比较方案地段的地形地貌、地层岩性、地质构造、岩体风化、岩土体的透水性、地下水位、物理力学性质及其主要工程地质问题，提出方案选择意见。

（2）说明选定泄水建筑物地段的主要工程地质条件；评价堰基、边坡和洞室围岩的稳定条件以及下游消能段抗冲刷条件；进行工程地质分段或围岩分类，提出岩土物理力学性质参数和基础处理措施的意见。

1.3.3 引水建筑物

（1）说明各比较方案地段的地形地貌、地层岩性、地质构造、岩体风化、水文地质条件、岩土体物理力学性质及其主要工程地质问题，提出方案选择的意见。

（2）评价选定的引水建筑物线路进出口地段地基、边坡和围岩的稳定性及渗透稳定性，进行工程地质分段或围岩分类；对深埋引水洞还应说明地应力等情况；提出岩土物理力学性质参数和基础处理措施的意见。

1.3.4 厂房（泵站）和开关站（变电站、换流站）

（1）说明各比较方案地段的地形地貌、地层岩性、地质构造、岩体风化、水文地质条件、岩土体物理力学性质及其主要工程地质问题；对深埋大跨度地下厂房，应说明地应力等情况，提出方案选择的意见。

（2）评价选定建筑物地段的主要工程地质条件；对地面建筑物应着重评价地基和边坡的稳定性；对地下建筑物应着重评价进出口洞脸和围岩的稳定性；对大跨度的地下洞室应根据主要结构面的组合和地应力情况，提出轴线选择的意见；进行围岩分类；提出岩土物理力学性质参数和基础处理措施的意见。

1.3.5 通航、过木建筑物

概述通航、过木建筑物地段的工程地质条件，并进行评价；提出基础处理措施的意见。

1.3.6 施工临时建筑物

说明建筑物地段的工程地质条件并进行评价。

1.4 输（排）水线路及主要建筑物工程地质条件

1.4.1 输（排）水渠道

（1）分段说明选定线路的地形地貌、地层岩性、地质构造、岩体风化、物理地质现象、近代地震活动情况、水文地质条件及岩土体物理力学性质；说明膨胀土、湿陷性黄土、粉细砂、淤泥、软土、分散性土、冻土等特殊土的分布和性质；对傍山渠道应着重说明山坡岩土体的稳定性、泥石流的分布特征和对渠道的影响。

（2）评价地基边坡的稳定条件和渗透性；预测产生浸没的可能性；进行工程地质分段，提出处理措施的意见。

1.4.2 输（排）水隧洞

（1）分段说明选定线路的地形地貌、地层岩性、地质构造、岩体风化、物理地质现象、水文地质条件、岩土体物理力学性质等；对过沟和浅埋地段应着重说明岩土体的组成、结构强度和透水性；对深埋、地质构造复杂的洞段应着重说明地应力、地温情况及有无有害气体、放射性元素等情况。

（2）评价进出口边坡和围岩的稳定性；预测发生涌水、涌砂的可能性；进行围岩分类；提出岩土物理力学性质参数和处理措施的意见。

1.4.3 渡槽、倒虹吸、涵闸和桥梁

说明渡槽、倒虹吸、涵闸和桥梁布置地段的工程地质条件，并进行评价；提出岩土物理力学性质参数和处理措施的意见。

1.5 堤防及河道整治工程地质条件

1.5.1 堤防

（1）分段说明堤防沿线的地形地貌堤、基岩土层的组成和结构，应着重说明膨胀土、湿陷性黄土、粉细砂、淤泥、软土、分散性土等不良地层的分布和性质，以及含水层的分布、结构和渗透性等。对已建堤防应说明堤基岩土的组成和性质、堤身的填筑质量、过去溃口和改道的情况以及有无潜在隐患等。

（2）评价堤基的抗滑稳定、渗透稳定和抗冲能力；在地震基本烈度大于Ⅶ度（含Ⅶ度）的地区应评价堤基土在振动条件下产生液化的可能性；提出岩土物理力学性质参数和处理措施的意见。

1.5.2 河道

（1）分段说明河道沿线的地形地貌和地层岩性，应着重说明膨胀土、湿陷性黄土、粉细砂、淤泥、软土、分散性土等的分布和性质，以及含水层的分布、结构、地下水位、补给排泄关系和渗透性等。

（2）评价边坡的稳定性和渗透稳定性，提出处理措施的意见。

1.6 灌（排）区水文地质条件和土壤调查

1.6.1 灌（排）区水文地质条件

说明灌（排）区第四纪以来的沉积环境、地形地貌、地层岩性，以及含水层的分布、结构、渗透性、富水程度、水质特征、地下水位及其动态；预测灌（排）水后地下水位和水质的可能变化等，进行水文地质分区；提出灌（排）水方式的意见。

1.6.2 灌（排）区土壤调查

说明灌（排）区地形地貌、土壤的组成、结构、分布、物理化学性质、含盐量、毛细水饱和带高度、给水度以及产生浸没的地下水临界深度等；对已建灌（排）区要说明盐碱土的性质、分布和现状；预测灌（排）水对土壤环境和工程环境的影响；进行土壤分区，提出土壤改良措施的意见。

1.7 天然建筑材料

1.7.1 概述本工程所需天然建筑材料的种类、数量和质量要求；详查天然建筑材料；说明各料场的分布、储量、质量、有效层和无效层等以及开采运输条件，提出建筑材料的物理力学试验成果。

1.7.2 在天然骨料缺乏的地区，应提出人工骨料料源及质量评价。

1.7.3 当利用施工开挖料作筑坝材料和人工骨料时，应按照天然建筑材料勘探规程进行调查，提出质量评价。

1.8 结 论

1.8.1 扼要综述该工程的主要工程地质问题的评价及结论。

1.8.2 提出本工程技施设计阶段勘察工作的意见。

1.9 工程地质附图、附表

1.9.1 附图

（1）区域地质图；

（2）水库区综合水文地质工程地质图；

（3）主要建筑物区工程地质图（附地层柱状图）；

（4）主要建筑物区工程地质纵横剖面图；

（5）坝（闸）址基岩地质图（包括基岩等高线图）；

（6）坝（闸）址渗透剖面图；

（7）喀斯特区水文地质图；

（8）专门性问题工程地质图；

（9）灌区水文地质图；

（10）灌区土壤分布图及土壤改良分区图；

（11）天然建筑材料分布图；

（12）典型钻孔柱状图及坑、槽、洞、井展示图。

1.9.2 附表

岩石、土壤、土料、砂料、水质试验成果表。

附录二　雅安十二五规划水利部分

雅安素有“雨城”、“天漏”之称。自然环境优越，水资源得天独厚，为全省乃至全国水利电力开发的理想基地之一，被中央“三江”考察团的专家们誉为水能的“天府之国”。全市流域面积在 30 km^2 以上的河流有 131 条，河网密度是全国的 5.3 倍。除名山县临溪河直接汇入岷江外，以大相岭为分水岭，形成北部的青衣江水系和南部的大渡河水系。市内径流主要来源于降水，是全省径流深高值区，多年平均降水总量 214.42×10^8 m^3，其中青衣江流域占 74.29%，大渡河流域占 24.01%，岷江流域占 1.61%。多年平均降水深 1 404 mm，径流深 1 199 mm，为全省平均值的 2.2 倍，径流系数高达 0.85。全市径流总量丰沛，年平 182.94×10^8 m^3。1985 年，四川省水利院用三年时间对雅安市水力资源进行了第一次普查，境内水力资源理论蕴藏量 1 108×10^4 kW · h，接近黄河的 1/4。技术可开发装机容量 901×10^4 kW · h，这一数据一直沿用至 2003 年。经 2004 年第二次全面调查，全市水力资源理论蕴藏量约 1 601 $\times10^4$ kW，可建水电站 736 处，装机容量 1 322×10^4 kW。约占全国水电可开发量的 1/40，全省水电可开发量的 1/10。其中，大渡河流域水力资源可开发量 1 016.11×10^4 kW，是国家规划十二大水电基地之一。青衣江流域水力资源可开发量 306.23×10^4 kW，适宜建高、中水头的中、小型水电站 450 处。全市江河原出林区，植被良好，水质多属一、二级，各种监测参数普遍优于省内外主要河流，良好的水质为人民群众的生活、生产、农业灌溉，水力发电及水产养殖提供了优越的发展条件。

《雅安市国民经济和社会发展第十二个五年规划纲要》中明确指出：2011—2015 年是雅安市抢抓深入实施西部大开发战略机遇、实现全面建设小康社会宏伟目标的关键阶段。其中对电力枢纽重点项目的建设以及提升水利保障能力也作出了进一步的要求。

1．电力枢纽重点项目

能源建设：五年累计投资 280 亿元以上，新增水电装机 350×10^4 kW 以上。

电网建设：五年累计投资 60 亿元，芦山 1 000 kV 输变电站工程，石棉 500 kV 输变电扩建工程、雅安 500 kV 输变电扩建工程、大岗山水电站至雅安 500 kV 送出工程，荥经 220 kV 输变电工程、竹马 220 kV 输变电工程、龙岗山 220 kV 输变电工程、成都—雅安工业园区 220 kV 输变电工程，苗溪 110 kV 输变电工程、草坝 110 kV 输变电工程、中里 110 kV 输变电工程、红星 110 kV 输变电工程、城厢 110 kV 输变电工程、前进 110 kV 输变电工程、龙岗山 110 kV 输变电迁建工程、萝卜岗 110 kV 扩建工程、利吉堡 110 kV 输变电扩建工程。

2．不断提升水利保障能力

按照节约优先、优化配置、有效保护、综合治理的原则，突出加强薄弱环节，提高防灾减灾能力。以骨干水源工程、饮水安全工程、河道治理工程为重点，大力推进水利设施建设，重点抓好永定桥水利工程、铜头引水工程、九龙水库工程等重点工程；建成雅安市城区南郊水厂和汉源县县城备用水源工程建设。抓好新建水库灌区配套建设，完善建成灌区续建配套、节水改造及小型灌区整治，继续加强病险水库除险加固工程，加强微型水利设施建设。完善大渡河、青衣江等流域综合规划和防洪规划，加强市区、重点城镇、中小河流防洪体系建设，重点加强市区、重点城镇堤防工程建设。推进中小河流、山洪地质灾害治理工程建设。积极推进城乡水务一体化建设。

而在兴修水利，贯彻落实“十二五”规划时，不得不重视水利工程范围内的工程地质和水文地质对水电站的重大影响。为了提升水利保障能力，就必须对水电站大坝坝基的主要工程地址问题进行细致研究。如水电站工程范围内的地形地貌、地层岩性、地质构造（褶皱、断层、节理等）以及水文地质条件等。

参考文献

[1] 戚筱俊，张元欣．工程地质及水文地质实习作业指导书．北京：中国水利水电出版社，1997.
[2] 戚筱俊．工程地质及水文地质．北京：中国水利水电出版社，1997.
[3] 崔冠英．水利工程地质．北京：中国水利水电出版社，1999.
[4] 陈德基．水利工程勘测分册．北京：中国水利水电出版社，2004.
[5] 左建，郭成久，等．水利工程地质．北京：中国水利水电出版社，2004.
[6] 孙文怀．工程地质与岩石力学．北京：中央广播电视大学出版社，2002.
[7] 李智毅，杨裕云．工程地质学概论．武汉：中国地质出版社，1994.
[8] 张倬元，王士天，王兰生．工程地质分析原理．北京：地质出版社，1981.
[9] 胡厚田．土木工程地质．北京：高等教育出版社，2001.
[10] 袁明波．郑州市新郑州站地铁车站基坑降水设计方案．集团公司 2009 年工程技术论文集，2009.
[11] 哈尔滨市园林种苗科研示范基地项目地下水环境影响评价专题报告．